视界系列
硬核科普

宇宙视界

COSMIC
HORIZON

视界

图解宇宙背后的秘密

鞠镇毅 —— 著

王软软 —— 绘

电子工业出版社·

Publishing House of Electronics Industry

北京·**BEIJING**

图书在版编目（CIP）数据

宇宙视界：图解宇宙背后的秘密/鞠镇毅著；王软软绘．—北京：电子工业出版社，2024.6

ISBN 978-7-121-45271-0

Ⅰ．①宇… Ⅱ．①鞠… ②王… Ⅲ．①宇宙－普及读物 Ⅳ．①P159-49

中国国家版本馆CIP数据核字（2023）第049371号

责任编辑：高　鹏　　　　　　　特约编辑：田学清
印　　刷：北京缤索印刷有限公司
装　　订：北京缤索印刷有限公司
出版发行：电子工业出版社
　　　　　北京市海淀区万寿路173信箱　　　邮编：100036
开　　本：720×1000　　1/16　　印张：10.5　　字数：235.2千字
版　　次：2024年6月第1版
印　　次：2024年6月第1次印刷
定　　价：69.00元

　　凡所购买电子工业出版社图书有缺损问题，请向购买书店调换。若书店售缺，请与本社发行部联系，联系及邮购电话：（010）88254888，88258888。

　　质量投诉请发邮件至zlts@phei.com.cn，盗版侵权举报请发邮件至dbqq@phei.com.cn。

　　本书咨询联系方式：（010）88254161~88254167转1897。

读 者 服 务

您在阅读本书的过程中如果遇到问题，可以关注"有艺"公众号，通过公众号中的"读者反馈"功能与我们取得联系。此外，通过关注"有艺"公众号，您还可以获取艺术教程、艺术素材、新书资讯、书单推荐、优惠活动等相关信息。

扫一扫关注"有艺"　投稿、团购合作：请发邮件至 art@phei.com.cn。

宇宙，似乎离我们很远，地球宛如沧海一粟，只有先进的望远镜才能看清宇宙中各种奇妙的现象；其实，宇宙离我们很近，我们都身处宇宙之中，科学家发现的物理学理论基本上广泛适用于宇宙各处。

火箭发射升空、卫星绕地球旋转都与万有引力和各种力学原理有关，同时万有引力也可以解释宇宙中万物的运转：借助万有引力定律，科学家发现了太阳系的海王星、宇宙深处的黑洞。万有引力作为 4 种基本作用力之一，在恒星形成和演化、黑洞产生、宇宙起源等各类现象中扮演着重要角色。

当科学家由浅入深，层层分析万有引力时，发现了时间和空间之间的本质联系，还发现了相对论这个新的工具。相对论的诞生源自对日常生活的细致思考，但相对论中预言的时空弯曲、引力透镜效应、引力波等新奇的现象不仅让我们大开眼界，更为人类揭露了宇宙本质的冰山一角。

而对于黑洞这类宇宙中奇特的天体，万有引力、相对论、电动力学、热力学、量子力学等工具更是轮番上阵，从不同侧面描述了黑洞的产生、黑洞的时空结构、黑洞的形状和性质、黑洞的辐射等，将远在光年之外的黑洞描绘得淋漓尽致，使我们得以了解宇宙之美妙。

在科学家探索宇宙的过程中，物理学理论和物理的思维、思想发挥了关键性作用。正是由于宇宙各处遵循相同的物理定律，我们方能见微知著、一叶知秋，方能从容易观察的现象中归纳形成物理学理论，并演绎推广到我们尚未关注的新现象。

本书基于物理的理性思维，以生活中易于理解的现象为出发点，探寻宇宙中各类不同现象背后统一的物理规律。同时，本书精心创作了大量插画，尝试为广大的读者提供更感性、更直观的认知。在章节设计上，主要划分为主线任务、突破任务和奇遇任务，分别对应简单的知识、困难的知识和目前尚未完全证明的知识。

让我们一同开启宇宙视界，共同踏上这段奇妙而睿智的旅程。

目录

第一章　点亮太空地图

主线任务一　理解星空的信息 002

　　线索一　古人夜观天象 002

　　线索二　拓展视力的望远镜 004

　　线索三　看不见的宇宙射线 007

主线任务二　从地面飞向太空 012

　　线索四　人为什么会落向地面 012

　　线索五　向心力的秘密 014

　　线索六　用火箭对抗地心引力 017

突破任务　开启深空之旅 021

　　线索七　卫星的轨道与变轨 022

　　线索八　太阳系中的车站 027

　　线索九　用弹弓再次加速 031

成就　太空领航员 035

第二章　遨游太阳部落

主线任务一　解密太阳的一生 038

　　线索一　太阳从何而来 038

　　线索二　日常工作与壮丽退休 041

　　线索三　其他恒星的晚年生活 045

主线任务二　探寻太阳系
　　　　　　家族秘闻 051

　　线索四　八大行星的形成 051

　　线索五　轨道共振与家族稳定 056

　　线索六　太阳系两大家规 059

主线任务三　寻访地球守护者 064

　　线索七　抵御太阳风暴 064

　　线索八　危险的小行星 067

成就　太阳系代表 069

第三章　探寻宇宙奥秘

主线任务一　寻找宇宙的起源 072

　　线索一　星系在离我们远去 072

　　线索二　从绝对时空到
　　　　　　相对时空 076

线索三　爆炸中诞生的宇宙 080

突破任务　组装宇宙的各类
物质 083

线索四　组装物质的原料 083

线索五　逐步走向正轨 088

线索六　宇宙中失踪的物质 091

主线任务二　认识宇宙全貌 095

线索七　看得见的结构 096

线索八　宇宙是个甜甜圈 099

成就　宇宙编年者 103

第四章　触发黑洞奇遇

主线任务一　发现藏在宇宙中的
黑洞 106

线索一　黑洞是宇宙空间的洞 106

线索二　借助万有引力寻找黑洞 109

线索三　相对论提供的新工具 112

主线任务二　解密黑洞结构 115

线索五　万有引力与黑洞的形成 115

线索六　逃不出的黑洞视界 117

线索七　克尔黑洞的华丽外衣 121

线索八　吸积盘与宇宙喷流 126

突破任务　解读黑洞的信息 130

线索九　无毛定理与黑洞
热力学 130

线索十　当黑洞遇上量子力学 134

线索十一　引力波与时空涟漪 138

奇遇任务　迅速逃离黑洞 142

线索十二　连接两个宇宙的白洞 142

线索十三　黑洞存在另一个宇宙 145

成就　黑洞幸运儿 147

第五章　未来

最终任务一　宇宙的未来 150

线索一　无法实现的永动机 150

线索二　什么是完美结局 153

最终任务二　物理学的未来 156

线索三　物理规律的巧合 156

线索四　在高维空间归一 159

成就　返璞归真 162

第一章

点亮太空地图

从古代神话的天宫，到现代科技的航天，我们头顶的这片星空始终令人心驰神往，在宇宙中自在遨游也是一代代人的愿望。如今，望远镜可以让我们看到数万光年外的景象，火箭可以让我们脱离地球引力的束缚，前往繁星闪耀的宇宙深处。九天揽月从诗文走入现实，人类文明也从地球走向太阳系。我们每个人都是前往星辰大海征途上的旅行者。

主线任务一　理解星空的信息

　　我们头顶的星空是最让人敬畏的，人类是如何理解这片星空的？又从中得到了哪些信息？第一阶段的任务是：理解星空的信息。

线索一　古人夜观天象

　　夜晚降临，当夕阳的最后一抹余晖消失在天边时，繁星渐渐在夜空中隐现。在科学还未兴起的年代，人们认为繁星是神话中众神的住所，并根据繁星在天空中组成的形状，将它们命名为不同的星座。后来，人们又开始研究占星学，试图预测自己的未来。

　　随着古代农业的发展，一些人注意到天象的周期性变化，比如月亮的阴晴圆缺、太阳的高度变化、四季的斗转星移等，并由此制定了不同的历法，以计算时间。

　　除了历法，古代的人还记录了许多天文事件，比如常见的日食、月食，还有定期到访的哈雷彗星、偶尔出现的超新星爆发等。这些天文事件在慢慢地改变着人类对宇宙的原始认知，而真正加速改变这一认知的便是对行星逆行现象的解释。

　　夜空中大部分星星的相对位置是固定的，它们每天都会在固定的时间出现在固定的位置上，因此被称为恒星。但也有几颗星星的位置在不断变化，就像在空中行走一样，因此这些星星被称为行星。当人们研究行星运动的规律时，发现行星的运动并不是始终朝向同一个方向，在某一段时期内，行星会在夜空中逆行。

　　为了解释这一现象，一些人提出了很多行星运行模型，这些模型都将

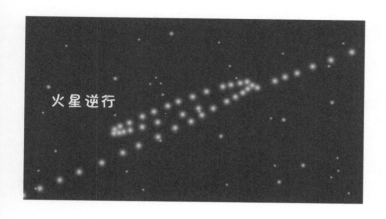

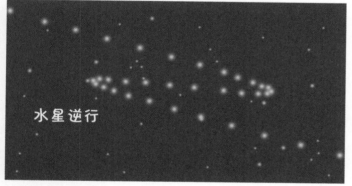

火星和水星的逆行

地球放在中心，这也导致了模型非常复杂。后来，哥白尼提出了将太阳放在中心的日心说模型，在日心说模型中，地球和行星一样围绕太阳运动，这就解释了行星逆行这一现象。

日心说与地心说使人们产生了激烈的争论。后来，望远镜的发明结束了人们之间的争论，最终人们承认地球不是宇宙的中心，并开始使用望远镜这个崭新的工具研究宇宙，从此推动了天文学的巨大革命，也推动了科学的巨大革命。

哥白尼与日心说

1543 年，哥白尼发表了《天体运行论》，阐述了日心说的思想，认为地球只是引力中心和月球轨道中心，并不是宇宙的中心，所有天体也不围绕地球转动，而是绕着太阳转动。

线索二　拓展视力的望远镜

人们认为眼见为实，因此当我们望向星空时，总是想望得更远，从而发现更多有关宇宙的秘密。但仅使用肉眼很难观测到更加遥远的星空，也无法观测到每个星星的细节。

人眼看到物体的大小与视线的张角有关。我们常说近大远小，看近处物体时视线的张角大，物体在视网膜上形成的图像就大，因此我们可以看清楚物体。而我们在看远处物体时视线的张角小，物体在视网膜上形成的图像就小，人眼无法分辨物体的细节，因此遥远的恒星在我们眼中只是一个光点。

为了提高人眼观察物体的能力，我们经常借助各种透镜，其中比较常见的便是放大镜。我们经常使用放大镜观察近处细微的物体，但用放大镜观察远处的物体，远处的物体不仅变成倒立的物体，其大小也缩小了很多。

虽然放大镜在观察远处物体时失去了放大效果，但它成功地让远处的物体在近处形成一个像，并且是一个由真实光线形成的实像。当把远处的物体拉近后，我们就可以用另一个放大镜对这个实像进行放大，通过观察这个近处的像就可以得知远处物体的细节了。而这两个放大镜就组成了比较简单的望远镜。

在远洋航行中，人们经常使用望远镜开阔自己的视野。伽利略受到望

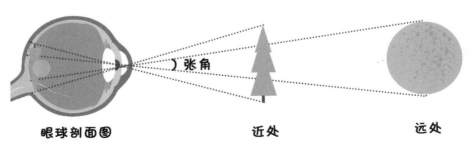

眼球剖面图　　　　　　　近处　　　　　　　远处

物体的大小与视线的张角

远镜的启发，对普通的望远镜稍加改进，使其对远处的物体放大了32倍，从此人类有了第一台天文望远镜。而借助这台天文望远镜，伽利略发现了很多重要的天文知识。

在天文望远镜里，月亮并不是一个明亮的盘子，而是一个灰色的球体，我们肉眼看到的月球上的阴影，其实是月球上的山岭和盆地。夜空中的银河并不是一条光带，而是由数量很多的星星组成的星系。这些星星也并不是一个个光点，它们和太阳一样也是球体。木星的周围还有一些更小的球体绕着木星旋转，它们是木星的卫星。这些发现不仅证明了地心说是错误的，还推动了人类对宇宙的认知。

为了看到宇宙的更多秘密，我们必须发明更强大的天文望远镜。天文望远镜的观测能力与其直径有关，镜

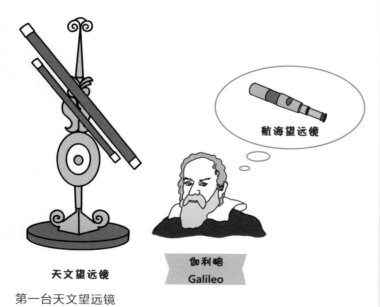

航海望远镜

天文望远镜

伽利略
Galileo

第一台天文望远镜

知识晶体

透镜

透镜是一种允许光线透过并利用折射原理将物体重新成像的光学设备，常用玻璃制成。按透镜表面的曲率可分为凸透镜和凹透镜两种，其中凸透镜可以将光线聚合，凹透镜可以将光线扩散。

凸透镜两个球心的连线被称为主光轴，当平行的光线穿过凸透镜时，会在主光轴上的一点汇聚，透镜中心到这个点的距离被称为焦距。对于凸透镜而言，如果物距（透镜中心到物体的距离）小于焦距，凸透镜就会将物体重新成像为一个正立放大的虚像；如果物距大于焦距，凸透镜就会将物体重新成像为一个倒立的实像。

片制作得越大，天文望远镜能收集到的光就越多，放大效果就越好，我们能看到的星空越清晰。

但早期的天文望远镜都是简单的折射式望远镜，它利用玻璃对光的汇聚来实现对物体的放大。而大尺寸的玻璃镜片加工起来很困难，容易受环境的影响而产生变形。同时，球面透镜对物体的成像也并不完美，尤其是对于天文观测而言，各种光学像差的存在限制了我们对遥远天体的观测。

在各种像差中比较容易理解的是色差。由于玻璃对不同波长的光的折射效果不同，从而导致不同颜色的光汇聚在不同的位置，镜片越大，颜色的分离就越明显，观测的效果就越差。为了避免像差的影响，科学家抛弃了基于折射原理的透镜，转向研究基于反射原理的反射镜。

反射式望远镜将多个镜面按一定角度拼接在一起，通过光的反射将夜空中的星光汇聚起来，实现放大的效果。这种望远镜不依赖于玻璃，可以避免颜色分离导致的观测偏差。另外，只要拼接足够多的镜面，就会实现更加强大的放大效果。目前，科学家正在建造一台世界上最大的光学望远镜，这台望远镜由 800 个左右的镜面组成，直径超过 30 米。

反射式望远镜的选址非常重要。我们在城市中很少能看到星星，因为城市的灯光会对观测产生很强的干扰，城市空气中的杂质也会影响微弱的星光。为了有更好的

知识晶体

光学像差

光学像差是指在实际成像过程中并没有严格还原物体形状，而是产生了失真或模糊的情况，常见的类型包括球差、彗差、色散等。

对于常见的球面透镜而言，透镜不同部位聚焦能力的不同，导致主光轴上物体发出的光经透镜折射后并没有汇聚到同一个点，而是形成弥散的圆斑，这种现象被称为球差。彗差的成因与球差的成因类似，远离主光轴的物体发出的光无法汇聚到一个点，而是形成彗星形状的弥散光斑，这种现象被称为彗差。

对于不同颜色的光，透镜的聚焦能力也不同，从而导致不同颜色的光无法汇聚到同一个点，而是出现颜色分离的情况，这种现象被称为色散。

观测效果，全球的望远镜基本上都建在远离城市的高山或岛屿上。

为了从根本上消除空气对望远镜的影响，科学家又将目光移向了太空，并发射了很多空间望远镜。1990 年哈勃空间望远镜正式上岗，它的主要工作是采集可见光和紫外线。哈勃望远镜的直径为 2.4 米，虽然哈勃望远镜远远小于地面上的望远镜，但由于没有大气的干扰，它可以更加清晰地看到宇宙深处的景象。它为宇宙中的星系拍摄了不少珍贵照片，甚至包括一张 134 亿光年外星系的证件照。

2021 年，为了进一步拓展对宇宙深处的观测，美国发射了韦伯望远镜，它作为哈勃望远镜的继任者，主要采集红外光，同时韦伯望远镜采用了独特的分段式设计，使其镜面大小达到了 6.5 米，其视野大小、分辨率和观测距离都比哈勃望远镜有相当大的提高。

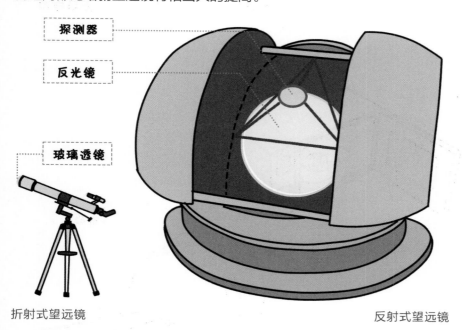

探测器

反光镜

玻璃透镜

折射式望远镜

反射式望远镜

线索三 看不见的宇宙射线

光的本质是一种电磁波，我们可以看见的部分被称为可见光。除了可

知识晶体

光的波长

光是一种电磁波，不同光的波长也不同。可见光的波长大致在380nm到750nm之间，波长小于380nm的光包括紫外线、X射线、γ射线等，波长大于750nm的光包括红外线、微波、无线电等。

见光，还有无线电、微波、X射线等，它们的波长不属于可见光的波长范围，因此肉眼无法看到这些射线，但它们和可见光一样充满我们周围。

无线电是最早被应用的电磁波之一，由于地球电离层的反射，无线电可以传到很远的地方，因此可以实现远距离的通信。微波同样可以用于通信，同时微波还有

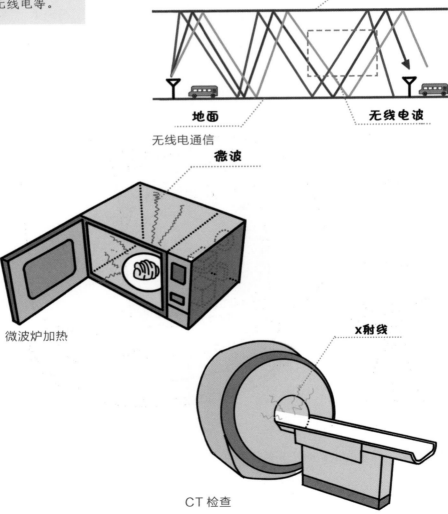

无线电通信

微波炉加热

CT检查

很好的加热效果，微波炉就是利用微波对食物进行加热。而 X 射线具有很强的穿透效果，可以使我们看到物体内部的信息，因此医生可以根据 X 光来诊断疾病。

除了存在于我们的日常生活中，这些看不见的射线还广泛存在于宇宙之中。老式电视机没信号时屏幕中出现的雪花，就包含了来自宇宙的射线。这些来自宇宙的射线与可见光一样包含了大量信息，为了研究宇宙，我们同样需要看见这些看不见的光。因此科学家仿照雷达的结构制作了射电望远镜，主要用来收集宇宙射线。

这些来自宇宙的射线从遥远的恒星发出，在传到地球后就已经非常微弱了，为了更加清晰地获得这些射线中的信息，射电望远镜需要拥有更大的直径。由于无线电的波长比可见光的波长要长，射电望远镜的反射镜面不需要像光学望远镜的镜面那么精密，因此科学家可以建造巨大的射电望远镜。

射电望远镜的选址同样需要远离城市，同时为了避免过大的反射镜片将射电望远镜压塌，科学家利用形状合适的山谷地形，将反射镜片安装在山谷的地面上。目前，世界上最大的射电望远镜是位于贵州的中国天眼射电望远镜（FAST），它就像一口被群山环绕的大锅，它的直径超过了500米，

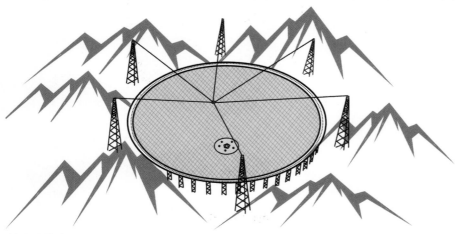

中国天眼射电望远镜（FAST）

甚长基线干涉测量技术

射电天文学中的甚长基线干涉测量技术是一种将不同射电望远镜的信号进行联合处理以实现对深空射电源的高精度探测的技术。与传统联线干涉测量技术相比，甚长基线干涉测量技术中的射电望远镜使用高精度的原子钟实现同步，因此大大增加了射电望远镜之间的间距。射电望远镜和原子钟也可以搭载在卫星上，从而实现精度更高的太空甚长基线干涉测量技术（Space Very Long Baseline Interferometry，SVLBI）。

反射镜的面积相当于 30 个足球场的面积。

如果要观测波长很长的宇宙射线，即使增大射电望远镜的直径，也无法汇聚足够多的射线。大部分射线是宇宙早期活动的产物，其重要程度相当于宇宙的"史记"。为了读懂这本天书，科学家发明了甚长基线干涉测量技术，利用多个射电望远镜共同观测同一个宇宙射线。这些射电望远镜的距离越远，整体的观测分辨率就越高。

随着通信技术的不断发展，全世界的射电望远镜可以联合起来观测宇宙射线，来自中国、美国、日本及欧洲国家的射电望远镜共同组成了国际 VLBI（Very Long Baseline Interferometry，甚长基线干涉测量技术），这些射电望远镜遍布世界各地，它们将整个地球

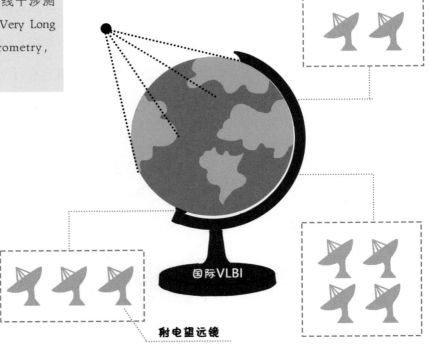

射电望远镜

地球虚拟望远镜

变成一台巨大的虚拟射电望远镜。

同时，世界各国也在向太空甚至月球发射射电望远镜。这些太空中的射电望远镜也可以加入 VLBI 的大家庭中，随着科学家不断将射电望远镜放到更远的位置，地球虚拟望远镜的视野也不断扩大。如今，地球虚拟望远镜的有效直径已经冲破了大气层，地球虚拟望远镜已成为一台名副其实的星际望远镜。

射电望远镜和光学望远镜相比，还有一个重要的区别。射电望远镜不仅可以被动地接收宇宙中的射线，还可以主动向宇宙发射无线电。在 20世纪，科学家就将地球和人类的基本信息编写成一段二进制的编码，用当时世界上最大的射电望远镜发向了宇宙。但与宇宙中恒星发射的无线电相比，人类的无线电还是太微弱了。即使真的存在外星文明，也无法接收我们发出的信息。

射电望远镜的发展让人类进入了崭新的射电天文学时代。借助射电望远镜的观测结果，科学家不仅发现了宇宙中那些剧烈的天文活动，发现了恒星拥有很多不同的种类，发现了宇宙早期大爆炸的残留证据，也获得了一个又一个诺贝尔奖。

除了可见光和宇宙射线，宇宙中还有很多包含信息的载体，比如恒星活动中产生的中微子、超新星爆炸产生的能量很高的粒子、恒星绕转产生的引力波等。随着科学理论和技术的发展，科学家不断发明新型的望远镜，来接收这些奇妙的信息。在不久的将来，人们终将看到一个更全面、更多样的宇宙。

主线任务二　从地面飞向太空

　　透过望远镜，我们了解了很多宇宙的秘密，然而"纸上得来终觉浅"，远距离的观察无法帮助人类理解宇宙的全貌，反而激发了人类亲自探索星辰大海的愿望。第二阶段任务发布：从地面飞向太空。

线索四　人为什么会落向地面

　　从中国古代的天宫神话，到古巴比伦的通天塔，再到西方基督教里的天堂众神，飞天是人类自古以来的梦想。但人类始终在地面生活，跳高的极限也不足3米。人类渴望像鸟儿一样飞翔，渴望飞到月亮和星辰之上。

　　人类怎样才能脱离地面呢？我们向空中扔石头，扔的力量越大，石头飞得就越高。火药被发明出来以后，借助火药的燃烧，烟花可以飞到更高的空中。后来人们掌握了空气的动力，发明了飞机，人们可以像鸟儿那样长时间地停留在空中。

　　以上这些尝试虽然可以让物体短暂地停留在空中，但最终都会回到地面。为什么地球上的物体都无法脱离地面呢？牛顿给出了明确的答案。从牛顿开始，人们学会了从受力的角度理解物体的运动。当各个方向受到的

牛顿运动定律

在总结前人成果的基础上，牛顿提出了物体运动遵循的3条定律。第一定律：如果物体受到外力合力为零，则该物体运动速度不变。第二定律：物体加速度与合外力成正比，与物体质量成反比。第三定律：作用力和反作用力大小相等，方向相反。

直升机在空中飞行

用不同的力量向空中扔石头

烟花在空中绽放

物体短暂飞在空中

力相互平衡的时候，物体会保持静止或者匀速运动。而当受力不平衡的时候，物体的运动状态就会发生改变。

地球上的物体都会受到重力的作用。在地面上，物体受到的重力和地面对物体的支持力相互平衡，因此物体会保持静止。在燃放烟花时，火药推动烟花的力量超过了烟花的重力，烟花就会飞向空中。当烟花爆炸之后，残留的物体只受到来自地球的重力，于是又落回了地面。

后来牛顿又进一步提出了万有引力定律，有质量的物体会对其他物体产生吸引的作用，物体受到的重力就是地球对物体吸引的表现。这种吸引

万有引力定律

牛顿根据天体运转的规律提出了万有引力定律，物体之间存在相互吸引的作用力，一切有质量的物体都会对其他具有质量的物体产生引力作用，引力大小与物体质量成正比，与物体之间距离的平方成反比。

力在宇宙中广泛存在：月球受到地球的引力，因此围绕地球旋转；地球受到太阳的引力，因此围绕太阳旋转。即使我们进入太空，也会受到来自地球的吸引。

线索五　向心力的秘密

受到地球的吸引，物体始终有落向地面的趋势。为了保证物体始终飞在空中，我们是否需要一直为物体提供动力呢？在我们的日常生活中，物体一旦失去动力，就会落到地面。但太空中的月球同样受到地球的引力，并未落向地球，而是始终围绕地球旋转，这又是为什么呢？

在前面的例子中，不论是向空中扔石头，还是燃放烟花，物体都直上直下地运动，这时物体受到的重力和运动的方向在同一条直线上。而月球在围着地球沿圆周运动，月球受到地球引力的方向和月球前进的方向是垂直的。月球的旋转速度让月球远离地球，但地球的引力又让月球靠近地球，这两种趋势刚好相互抵消，因此月球不会落向地球。

在圆周运动中，物体受到的力并不是平衡的，但这种与运动方向垂直的力并没有改变物体的运动速度，只改变了物体的运动方向。科学家将产生这种效果的力称为向心力。事实上，只要物体没有沿直线运动，就会有一部分向心的效果。物体运动速度越快，向心的效果就越强。

　　向心力并不来源于圆周运动，只能由物体客观受到的力提供。当车高速转弯时，坐在车里的乘客仍然只受到来自座椅的摩擦力，并不会因此受到一个额外的向心力。如果摩擦力不足以提供向心力，乘客就会有被甩出去的感觉。

生活中的向心力

　　地球的引力也可以提供维持物体圆周运动所需的向心力。因此，当物体绕地球旋转得足够快时，物体就会像月球那样永远绕地球运动，而不会向地面掉落。掌握了向心力的秘密，我们就拥有了对抗地球引力的方法。

　　虽然圆周运动在日常生活中很常见，但想要让扔出的石头像月球那样沿圆周运动却是非常困难的。人类可以将铅球扔出 20 多米，坦克可以将炮弹发射到几千米之外，但这些物体的运动轨迹并不是一个圆周，甚至也不是一段圆弧。

抛物运动

抛物运动实质上是匀速直线运动和自由落体运动的叠加，做抛物运动的物体其轨迹是一条抛物线，其运动规律遵循这两个分运动的规律。

宇宙速度

宇宙速度是飞行器从地球出发脱离天体重力场需具备的初始速度，总共有3个典型的宇宙速度。其中第一宇宙速度是脱离地面并环绕地球飞行的速度，其具体值为 7.9km/s。第二宇宙速度是逃离地球引力，并绕太阳飞行的速度，其具体值为 11.2km/s。第三宇宙速度是逃离太阳引力，并绕银河系飞行的速度，其具体值为 16.7km/s。

当抛出物体的速度很低时，物体运动的距离和地球周长相比十分微小。因此在整个抛物运动中，可以近似地认为物体受到的引力始终是向下的。即使物体可以飞过大半个地球，只要物体的运动速度不够快，就无法保证引力方向始终和运动方向垂直。这导致抛物运动与圆周运动有本质区别。

对于抛物运动而言，物体受到的引力在提供向心力之后仍有余力，因此物体仍会被引力拉向地面。为了让扔出的物体绕着地球沿圆周运动，物体需要达到多快的速度呢？答案是 7.9km/s。在这个速度下，物体绕赤道一圈只需要一个半小时，这个速度被称为第一宇宙速度，又被称为最小发射速度。为了离开地面进入地月系，我们在出发时需要达到这个速度。

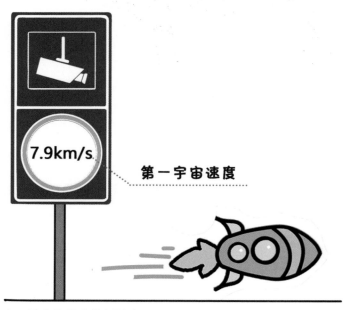

离开地表的最小发射速度

线索六 用火箭对抗地心引力

第一宇宙速度只是理论计算的结果，就实际情况而言，在地面附近运动的物体都会受到空气阻力的影响，这会让物体的运动速度逐渐变慢。而在距离地面 100 公里以上的地方，空气就非常稀薄了，只需要很小的动力就可以修正物体飞行中阻力的影响。

为了让物体在飞行时不落回地面，我们需要将物体送到太空中。那么使用什么工具才能让物体到达太空呢？如果采用类似投石车的工具运送物体，当物体被抛出后，我们就不能继续为物体提供动力了，这就需要让物体在被抛出时达到第一宇宙速度。

但以目前的技术水平而言，用这种方式运送的物体的重量太小。受空气阻力的影响，无法控制精确的速度和轨迹，物体很有可能落回地面，或被直接扔出地球的范围。

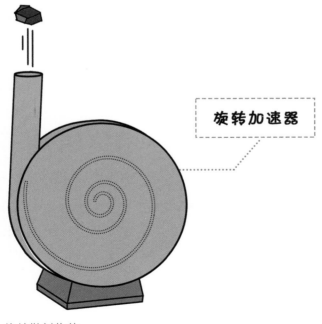

旋转加速器

旋转抛射物体

动量

动量是物体质量和速度的乘积。引入动量的概念后，牛顿运动定律可以重新从动量角度表述。动量是物体在其运动方向上保持运动的趋势（第一定律），物体动量的改变量等于施加在物体上的外力与作用时间的乘积（第二定律），当两个物体相互作用时，各自动量的改变量大小相等，方向相反（第三定律）。同时，第三定律也蕴含着动量是一个守恒量，当系统受到的外力合力为零时，这个系统的动量保持守恒。

为了维持绕地球的圆周运动，运送物体的工具既需要有足够强大的运送能力，又需要将物体以准确的速度送到精确的位置。这就需要这个工具在空中持续推动物体加速，并及时修正速度和方向的偏差，直到将物体护送到目的地。因此，科学家发明了火箭。

火箭能够完成这个任务的秘诀在于反冲作用。如果我们松开气球口，气球里面的空气会从气球口喷出，同时气球也会在空中乱飞。如果从科学的角度研究这个过程，我们需要借助动量的概念。动量也被用来描述物体运动，推动物体的过程本质上是改变物体动量的过程。

对一个受力平衡的物体而言，它的动量是固定不变的。如果这个物体分成了两部分，两部分速度改变的程度并不一样，质量小的那部分的速度受到的影响更大，但总体效果是两部分的总动量依然与之前整体的动量相等，这就是动量守恒定律。动量守恒定律提供了一个新的加速方式——利用反冲推动物体。

火箭在燃烧燃料时会产生大量气体，这些气体从火箭尾部向后喷出，虽然气体本身的质量不大，但由于喷射的速度很快，气体的动量依然比较大。根据动量守恒定律，火箭会获得一个向前的动量，因此气体的反冲可以提高火箭的速度。同时，改变火箭尾部排气口的方向，或增加侧向的排气口，则可以改变火箭前进的方向，从而火箭可以精准地将物体送入太空，使物体成为地球的一颗卫星。

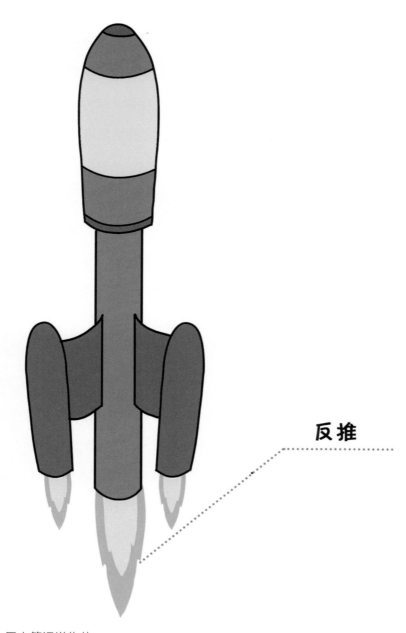

反推

用火箭运送物体

火箭方程

火箭方程，又被称为齐奥尔科夫斯基火箭方程，是苏联物理学家齐奥尔科夫斯基在 19 世纪末提出的。这个方程描述了采用火箭燃料喷射方式将物体送入太空的过程中所遵守的规律。

看来有了火箭就可以实现太空之旅，但当我们计算出需要消耗的燃料后发现依然困难重重。火箭的燃料不可能瞬间烧完，这意味着火箭在推动卫星的同时，还需要推动尚未燃烧的燃料，虽然燃料逐渐减少，但储存燃料的壳子依然很重。根据火箭方程，如果想将更重的卫星送到太空，所需的燃料更是指数级增加。

为了解决这个问题，一方面科学家寻找更加高效的燃料，相同质量的燃料提供的推力越大，将卫星送到太空中所需的燃料就越少，这可以显著减少用于推动剩余燃料的损耗，相同质量下推力最大的燃料是液氧液氢燃料，但由于液氢密度小，所以储存燃料的壳子较大。目前尚未发现没有缺点的完美燃料。

另一方面，火箭大部分的推力浪费在推动储存燃料的壳子上。如果将燃料分别储存在几个不同的壳子中，燃烧完一部分燃料后就扔下空壳子，这样可以大大减少燃料的损耗。这就是多级火箭的设想，将多个火箭组装在一起，每级火箭完成使命后就可以与其他部分脱离。理论上火箭的级数越多越好，但考虑到实际制造中连接的安全性，一般多级火箭不会超过三级。

从海洋走向陆地，是地球生命的一次飞跃，从陆地飞向太空，是人类文明的一次飞跃。分级火箭让我们的飞天梦变成现实，从此人类开始了从地球文明向宇宙文明的转变，一个新的时代拉开序幕。

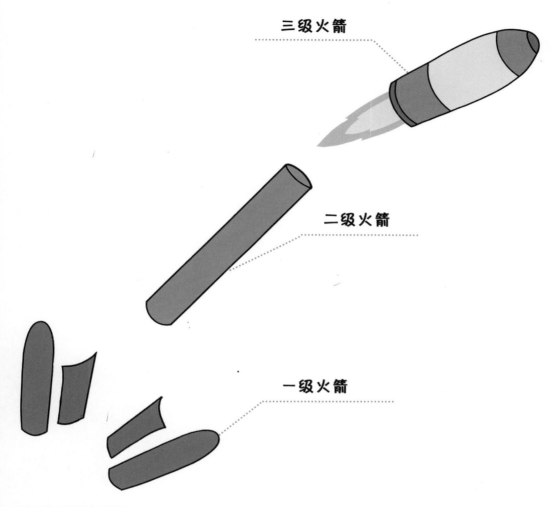

三级火箭

二级火箭

一级火箭

用分级火箭节约燃料

突破任务　开启深空之旅

　　如今，太空中的人造卫星已经数以万计。但我们不会止步于卫星绕地球旋转，此时卫星受到的引力已经全部用于提供向心力，只要我们继续推动卫星，就可以向深空前进。突破任务发布：开启深空之旅。

线索七　卫星的轨道与变轨

　　地球引力就像是为卫星铺设了一条看不见的铁轨，卫星像火车一样，一圈又一圈沿着相同的路线绕地球旋转，我们将这条路线称为卫星的轨道。大部分卫星的轨道是一个圆形，卫星受到的引力和向心运动的效果相互平衡。但有些卫星的轨道是椭圆形的，这些卫星并没有保持这种平衡。

　　当卫星旋转的速度过快时，引力不足以提供卫星向心运动所需的向心力，卫星就会逐渐远离地球。在远离的过程中，卫星旋转的速度会在引力拉扯下逐渐变慢。当卫星运动到距离地球最远的位置时，卫星旋转的速度又过慢，向心力不足以对抗引力，因此卫星又开始靠近地球。卫星不断地重复这个过程，最终形成一个椭圆形的轨道。

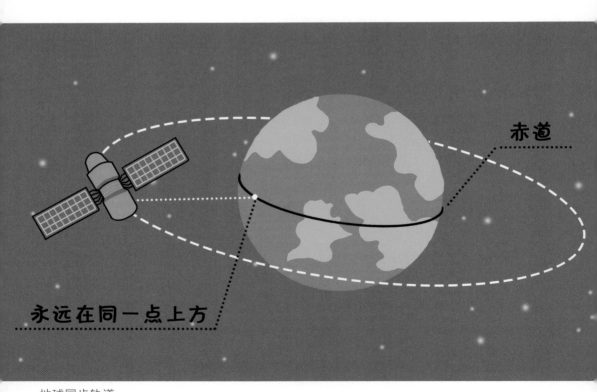

赤道

永远在同一点上方

地球同步轨道

在许多轨道中，有两个轨道最为独特，分别是地球同步轨道和太阳同步轨道。地球同步轨道上的卫星运转周期刚好与地球自转周期相同，因此每时每刻卫星与地面的相对位置都是固定的。

因为地球同步轨道位于赤道上方，且距离地面很远，所以科学家无法准确观测远离赤道的区域。此时就需要用到与赤道平面垂直的太阳同步轨道，这个轨道上的卫星在地球的南极与北极之间往返运动，并且距离地面的高度只有地球同步轨道的 1/6，因此科学家可以更精准地观测远离赤道的区域。

太阳同步轨道上的卫星的突出特点是，每天都会在同一时间经过地面上的同一位置。从这点来看，太阳同步轨道上的卫星与地球同步轨道上的卫星有些类似，但有着本质的不同。地球的自转周期实际上是 23 小时 56 分钟 4 秒，当考虑了地球绕太阳公转后，才使得一天是 24 小时。因此，为了保证卫星每天同一时间经过，卫星运转周期应为 24 小时，又为了保证卫星经过地面上的同一位置，卫星运转周期应该与地球自转周期相同。

如何解决这一矛盾呢？我们可以利用轨道进动。由于地球并不是严格的球形，卫星在南极、北极比在赤道附近受到的引力更小，因此卫星在绕地球转动时，其所在的轨道平面也在转动。如果轨道平面的转动周期与地球公转周期相同，就可以抵消地球公转带来的影响，实现在每天的同一时间经过地面上的同一位置。

轨道进动

进动是指物体在转动时转动的轴也在运动的现象，按物体转动方式可以分为自转和公转两种。当自转轴与对称轴不平行时，物体自转时，自转轴也会绕另一个轴旋转，比如地球的自转，在天文学上这种进动现象又被称为岁差现象。当物体在某个系统中绕中心公转时，由于系统本身的运动，物体公转的轨道会发生改变，这种进动现象被称为轨道进动。

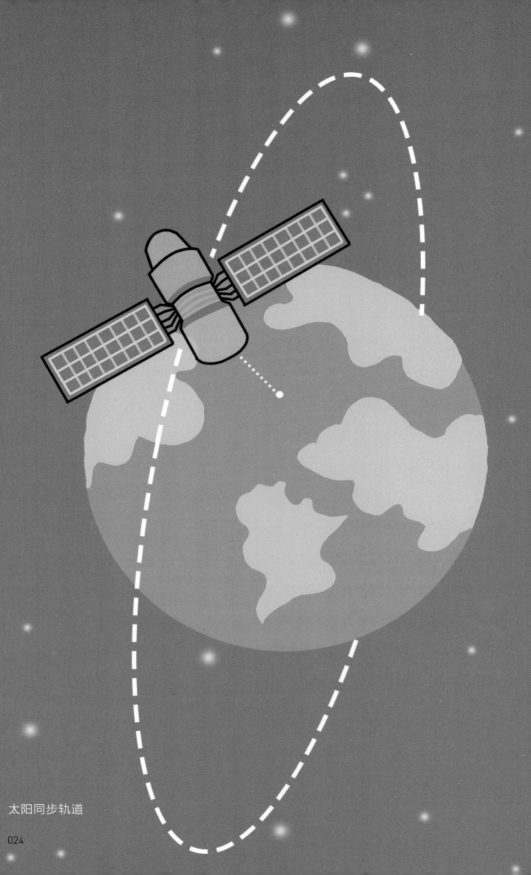

太阳同步轨道

　　想让卫星进入这两种轨道并不容易，尤其是距离地面较远的地球同步轨道，在没有大推力火箭的年代，卫星无法直接到达这样的高度。在实际的卫星发射过程中，卫星需要先到达较低的轨道，之后通过喷出自身携带的气体，利用反冲的方式获得速度，从而进入更高的轨道，这个过程被称为变轨。

　　卫星携带的气体是有限的，如何才能用最少的气体实现变轨呢？我们的直觉认为应该让卫星径直向外飞入新的轨道，但实际上这并不会改变卫星的轨道，这部分速度并不会提供向心效果，反而会在引力作用下逐渐减小，因此变轨的本质并不是获得速度。

　　变轨的本质也是轨道的本质，那么轨道的本质是什么呢？开普勒发现，行星在围绕中心天体运行的过程中，虽然有时速度快，有时速度慢，但相同时间内扫过的面积是相同的，卫星在绕地球运行时同样有这样的现象。科学家由此提出了角动量的概念，卫星在同一个轨道上运行时，角动量保持不变，而不同轨道的本质区别也是角动量的不同。

　　与低轨道上运行的卫星相比，高轨道上运行的卫星在相同时间内扫过的面积更大，因此卫星在变轨时获得的并不是速度，而是角动量。角动量与物体和中心天体之间的距离、垂直于物体和中心天体连线的速度有关。因此，当卫星运行到距离地球最远时向后喷气，卫星获得的角动量最大。采用这种喷气方式，卫星可以用最少的气体实现变轨。

角动量

角动量是描述物体转动的物理量，等于物体位置向量和动量的向量积，也可以表示为物体转动惯量和角速度的乘积。后者的表示与动量的表示在形式上是类似的，通过类比的方式，我们可以理解角动量改变量与施加在物体上的外力矩和作用时间有关，当系统受到的外力矩之和为零时，系统保持角动量守恒。

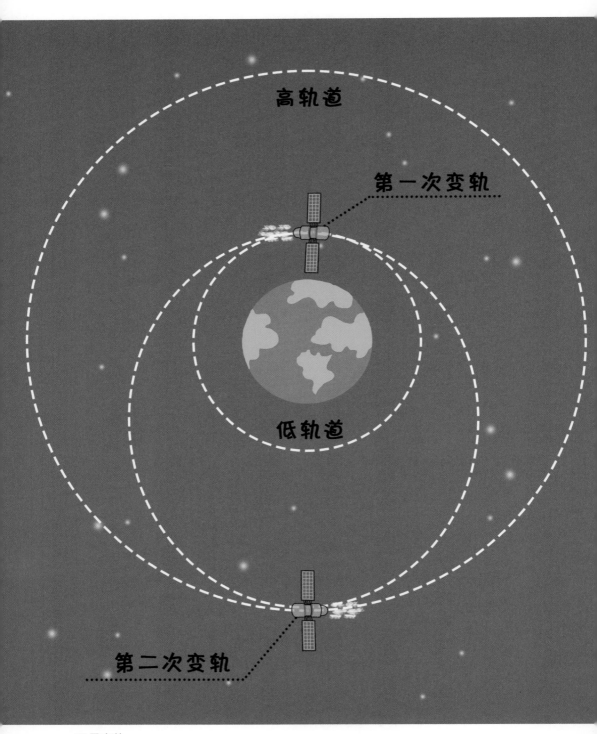

高轨道

第一次变轨

低轨道

第二次变轨

卫星变轨

线索八 太阳系中的车站

物体加速到第二宇宙速度后，就可以一直远离地球，在太阳系内旅行。此时物体的运动轨迹不再是一条循环往复的轨道，当不靠近其他星球时，物体像一艘帆船，在宇宙天体之间漂泊。但在太阳系中，物体会受到太阳和众多行星的影响，这使得物体的运动更加复杂。

当卫星在地球附近时，受到的引力主要来自地球，其他天体的引力对卫星造成的影响很小，只要我们定期对卫星的运动做出修正，就可以保证卫星始终按照轨道运行。但对于在太阳系中漂泊的卫星而言，受到的地球引力减小，就必须考虑月球、太阳等天体引力的影响，此时的卫星是怎样运动的呢？

三个天体之间的运动被称为三体问题，每个天体的位置决定了相互的引力，受到的引力决定了自身的运动，自身的运动又改变了天体的位置，三个天体之间的关系错综复杂、循环嵌套。在经过艰苦的努力后，科学家终于证明了三体问题没有准确解，并由此建立了混沌系统的概念，任何微小的改变都会通过反馈的方式表现在系统的变化中，最终对系统的未来产生很大的影响。

当我们想让卫星飞向月球时，地球、月球、卫星就构成了三体系统，虽然卫星的质量小到可以忽略不计，但计算卫星的运动轨迹依然很困难，我们不得不借助计算机来设计卫星的地月转移轨道。

混沌系统

混沌系统是指在非线性系统中，虽然描述系统的方程是确定性的，但物体仍会以貌似不规律的方式运动。这是由于混沌系统的方程没有解析解，只能用数值方法近似求解，同时混沌系统的方程过于复杂，对初始条件的敏感性很强，因此微小的变化会导致后续运动越来越大的差别，使得后续运动看上去没有规律。

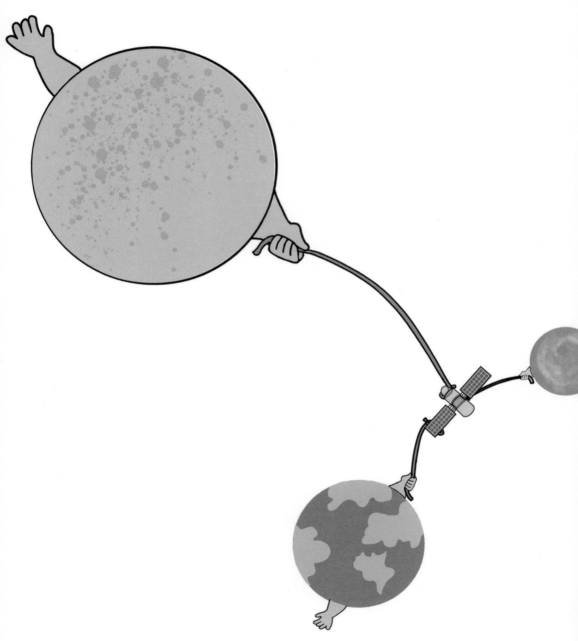

卫星受到多个天体的引力

随着卫星距离月球越来越近，受到月球引力的影响也越来越大，因此地月转移轨道的形状是一个不规则的曲线。由于月球在绕着地球旋转，卫星必须提前出发才能和月球汇合，这使得地月转移轨道的变轨更加重要，稍有偏差就会和月球擦肩而过。在实际飞行的过程中，卫星可能还会出现突发情况，我们需要时刻对卫星进行监控，让卫星在跑偏时及时进行轨道修正。

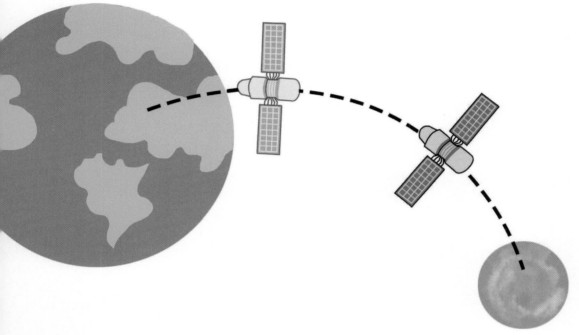

地月转移轨道

在地球引力和月球引力影响下，卫星如同激流中的一叶扁舟，卫星的运动轨迹会形成一条复杂的轨道。但在一些特殊情况下，卫星与地球、月球的相对位置会保持不变。这些保持不变的相对位置被称为拉格朗日点，目前科学家总共找到了 5 个拉格朗日点。

第一类特殊情况是卫星在地球和月球的连线上。为了保证相对位置不变，首先，卫星公转的周期要与月球公转的周期相同，这样可以保证三者

知识晶体

质心

质心是多个物体构成一个系统后系统的质量中心。在天体物理中，质心是一个十分重要的概念，系统中的多个物体对系统外物体施加的引力可以等效为质心施加给系统外物体的引力，外界施加给系统中各个物体的力也可以等效为外界施加给系统质心的力。

始终共线。此时，卫星受到的引力与向心力方向相同。其次，卫星要处在合适的位置上，使其受到的引力与向心力相互平衡，这样可以保证三者的相对距离不会发生变化。

第二类特殊情况是卫星到地球和月球的距离相等。此时卫星受到的引力指向地球和月球的质心，如果卫星的质量足够小，当卫星、地球、月球的位置形成等边三角形时，恰好可以同时满足卫星公转周期与月球公转周期相同、卫星受到的引力与向心力平衡这两个条件，因此三者的相对位置同样不会改变。

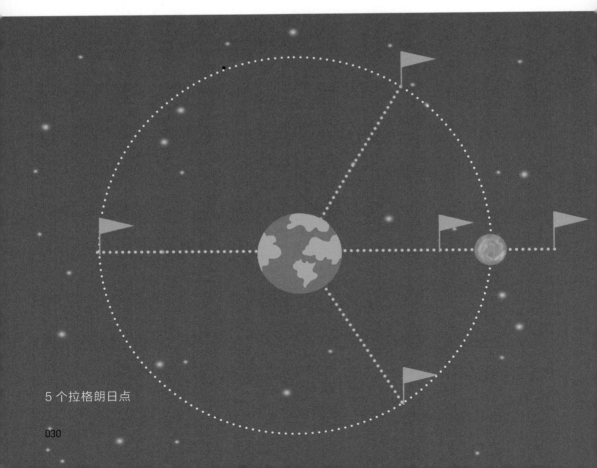

5 个拉格朗日点

拉格朗日点如同宇宙中的车站，当卫星位于拉格朗日点时，受到的引力和卫星运动所需的向心力平衡，使卫星可以停留在拉格朗日点。而如果卫星的位置稍有偏离，其受到的引力在抵消向心力后，会指向拉格朗日点，因此卫星也可以绕着拉格朗日点转动。

很多卫星都利用了拉格朗日点的特性。探月的中继星被设计在地球－月球系统第二拉格朗日点附近的晕轮轨道，可以为月球背面的月球车提供通信服务。太阳观测卫星停留在太阳－地球系统的第一拉格朗日点，并且一直指向太阳，使其可以不间断地工作。

线索九　用弹弓再次加速

当物体达到第三宇宙速度时，就可以离开太阳系。此时物体就不再是太阳系中的一颗卫星，我们发射的这类物体被称为深空探测器。但以目前火箭的能力是不可能达到这个速度的，因此，我们需要在旅行中为深空探测器寻找其他的动力来源。

每时每刻都有大量的物质逃离太阳系，这些物质并不是宏观的天体，而是太阳光。这些太阳光以光速飞驰，它们从太阳中来，到太阳系外去。根据波粒二象性，一束光可以看成由众多的光子组成，这些光子同样具有动量。如果我们展开一面巨大的帆，这些光子撞到帆上被

波粒二象性

波粒二象性是量子力学中的概念，是指微观粒子有时表现出粒子性，有时表现出波动性，即粒子也是波，波也是粒子。但能否同时表现出粒子性和波动性，目前仍有待研究。

反射回来，而光子的动量会传递成帆的动量，其效果是光在帆上产生了压力，推动帆向前加速。

这种帆被称为太阳帆，虽然单个光子的推力微乎其微，但太阳帆不像火箭那样需要燃料才能被推动，源源不断的光子为太阳帆提供了取之不竭的动力。根据估算，当深空探测器依靠太阳帆飞出太阳系时，其速度已经远远超过了第三宇宙速度。

太阳帆

太阳帆在光的推动下加速

目前，太阳帆只是理论上的设想，在深空探测之中并没有实质性的应用，广泛采用的动力来源依旧是万有引力。对于属于自己的物体，万有引力想方设法把物体留在自己的范围内，而对于留不住的物体，万有引力则会将它甩出去，这就是引力弹弓效应。

当深空探测器经过一颗行星时，它的轨道会在行星引力的影响下发生弯曲。但只要深空探测器的速度足够快，它就不会落到行星上，而经过了距离行星最近的位置后，深空探测器会逐渐远离行星。从行星参考系来看，整个过程依旧满足角动量守恒，因此深空探测器来的速度和离开的速度是相同的，就像乒乓球撞到了墙一样，会按照原来的速度反弹回来。

在这个过程中，深空探测器为什么会加速呢？这是因为墙是移动的。虽然从行星参考系来看，深空探测器的速度没有发生变化，但在太阳参考系中，深空探测器却获得了两倍的行星移动的速度。行星好像一把弹弓，将深空探测器弹了出去。

科学家发射的旅行者 2 号探测器就利用了太阳系中 4 颗行星的引力弹弓效应，而在实际的飞行中，仅经过木星的第一次引力弹弓加速，旅行者 2 号探测器就获得了足够飞出太阳系的速度。当然，引力弹弓效应并不是绝对安全的，如果深空探测器经过木星的速度不够快，它就会被木星牢牢捕获，甚至坠毁在木星表面。

参考系

参考系是研究物体运动状态的基准，由于运动的相对性，在不同参考系中看到的物体运动状态也不相同，通过合理选择参考系可以将复杂问题简单化，从而更简洁地得到物体的真实运动情况。

行星参考系是假设行星不动的参考系，在这个参考系中，我们可以只关心深空探测器的运动状态。太阳参考系是假设太阳不动的参考系，通过行星参考系中得出的深空探测器运动状态，叠加上行星的运动状态，就可以得到深空探测器相对于太阳的运动状态。

引力弹弓效应

成就　太空领航员

从第一次用望远镜观测星空，到物体借助火箭脱离地面，从通过变轨对抗引力的束缚，到利用引力弹弓效应实现星际飞行，我们已经成长了很多。在飞向深空的途中，我们发现地球并不是唯一围绕太阳旋转的行星，太阳有许多仰慕者，从距离最近的水星到距离最远的奥尔特云，太阳系的半径超过 1 光年。这里是我们宇宙视界的第一站。

新的视界已经开启……

第二章

遨游太阳部落

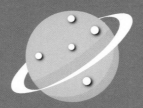

人们将夜空中邻近的星星想象成一个个星座，但在宇宙中，这些星星可能相距千万光年。科学家借助望远镜发现，宇宙中的众多恒星并不是均匀分布在宇宙中，而是聚集成星系。每个恒星的周围还有大量的行星、小行星，这些天体就像部落一样，恒星是部落的大族长。而地球所在的部落是太阳部落。

主线任务一　解密太阳的一生

太阳是太阳系的首领，早在地球出现之前就已经存在。但很久很久之前，宇宙中并没有太阳；在很久很久之后，太阳也不会一直存在于宇宙中。太阳的寿命大约有100多亿年，在这漫长的一生中，太阳是如何诞生的？又是如何成长、衰老的呢？第一阶段任务发布：解密太阳的一生。

线索一　太阳从何而来

在太阳诞生之前，宇宙中已经出现过一批恒星，它们是茫茫宇宙中的第一批天体，可以将它们看作太阳的祖先。当这批恒星走向死亡时，质量合适的恒星以一场超新星爆炸结束了自己的一生。在恒星级的爆炸后，原来恒星的位置上留下了一片星际尘埃。

星际尘埃的密度很小，它们以类似气体的方式存在于宇宙中。如果此时有其他恒星经过，这些星际尘埃就会在巨大的引力下落入恒星，成为恒星的养料。但幸运的是，在漫长的时间中，这些星际尘埃的周围并没有出现其他天体，它们在宇宙的时间长河中幸存了下来。

星际尘埃是由无数原子组成的，这些原子大部分是氢原子，也有一些质子数较大的重元素原子。虽然每个原子的质量很小，但依然会产生引力，这些原子在相互

原子

原子是化学变化中的最小粒子，也是代表元素化学性质的最小单位。原子由原子核和电子组成。

之间的引力影响下开始运动。

　　对于单个原子而言，它受到来自周围原子的引力是难以判断的，但对于整体尘埃而言，引力产生的效果是肯定的：尘埃会向中心不断收缩。最终，在星际尘埃的中心产生了一个由众多原子聚集而成的球体。

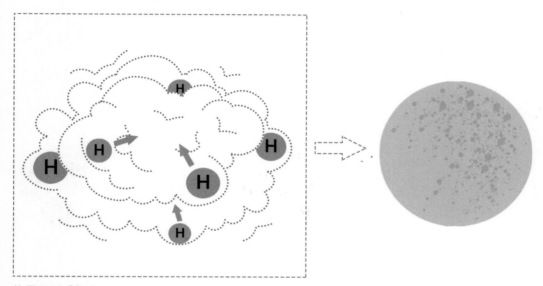

从星云形成恒星

　　在聚集的过程中，原子在引力的作用下不断加速。当加入球体后，这些高速运动的原子不可避免地与球体内低速运动的原子发生碰撞，这个过程如同人在打台球时白球撞进了一堆彩球之中，原本高速运动的原子将自己的动能传给其他原子。通过一连串的碰撞，新加入原子的速度被球体内低速运动的原子吸收。

　　从宏观上来看，一个系统中原子的平均运动速度反映了这个系统的温度。随着越来越多的原子加入，球体中原子的平均运动速度越来越快，这意味着球体内部的温度越来越高。在高温下，原子开始变得不稳定，电子

知识晶体 质子－质子链反应

质子－质子链反应是恒星内部将氢融合成氦的一种核融合反应。当温度足够高时，氢原子核不再稳定，两个氢原子核首先融合成氘，之后氘和第三个氢原子核融合成氦－3，最后两个氦－3会融合成氦原子核并释放出两个氢原子核。通过质子－质子链反应，最终4个氢原子核形成了一个氦原子核。

获得了能量并开始离开原子核，此时球体中充满了电子和原子核这些带电的粒子。

而当球体中心的温度升高到一定程度时，漫长的量变最终发生质变，核聚变发生了。当电子离去后，氢原子核只剩下质子，这些游离的质子在高温下不再稳定，它们重新组合，通过质子－质子链反应最终形成了暂时稳定的氦元素。

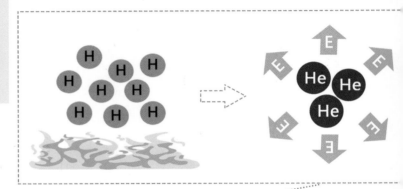

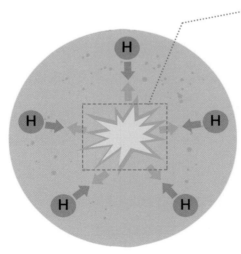

恒星中心的核聚变

通过核聚变反应，4 个氢原子核会形成 1 个氦原子核。但核聚变反应与日常生活中的化学反应不同，核聚变反应前后粒子的静止质量并不相等。根据相对论的质能方程，核聚变后缺失的质量变成巨大的能量。这些能量以光为载体向外传播，变成我们熟知的太阳光。

在太阳光向外传播的过程中，抵抗了在引力影响下向内聚集的原子，因此球体不再继续收缩。当光传播到球体外之后，又阻止了想要加入球体的原子，因此球体的质量也不再继续增加。

太阳光

气体尘埃

光辐射阻止尘埃进入太阳

当核聚变发生时，如破茧成蝶，这个球体蜕变成太阳，太阳的光芒照亮了这片原本黑暗的宇宙空间。

线索二　日常工作与壮丽退休

自诞生之时起，太阳工作了约 46 亿年，太阳每天的主要工作内容是

知识
晶体

碳氮氧循环

碳氮氧循环是恒星内部将氢转换成氦的另一种反应过程，通过碳氮氧循环，4个氢原子核可以形成一个氦原子核，但这个过程比较复杂，首先碳-12吸收一个氢原子核变成氮-13，氮-13自身又衰变为碳-13，然后碳-13吸收一个氢原子核变成氮-14，氮-14再吸收一个氢原子核变成氧-15，氧-15自身又衰变为氮-15，最终氮-15吸收一个氢原子核，并变成碳-12和氦原子核，最后开启一个新的循环。

通过直接核聚变的方式将氢融合产生氦，这个过程被科学家称为质子-质子反应链，太阳中心大部分的氦都是通过这个过程生产的，这也是太阳绝对的主业。

但形成太阳的星际尘埃中不只有氢和氦两种元素，其他更重的元素经过数亿年的沉淀，聚集在太阳的中心。虽然太阳中心的温度不足以使这些元素产生核聚变，但它们依然参与到生产氦的工作中。这就是太阳的副业：碳氮氧循环。

在整个碳氮氧循环过程中，4个氢原子核融合成1个氦原子核，而碳、氮、氧的含量都没有发生变化，只是充当催化剂的角色。对于太阳而言，碳氮氧循环产生的氦大约只占1.7%，但对于更大质量的恒星而言，碳氮氧循环是主要的能量来源。

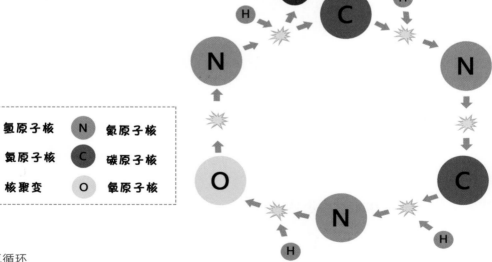

H 氢原子核	N 氮原子核
He 氦原子核	C 碳原子核
✴ 核聚变	O 氧原子核

碳氮氧循环

太阳中心的氢元素是有限的，当所有氢元素被转化成氦元素后，太阳的工作进入动荡期。之前通过核聚变形成的氦元素在太阳中心形成一个氦核，由于太阳的质量还不够大，核心的温度尚不足以点燃氦核。缺少了核反应提供的能量，氦核在万有引力的影响下开始收缩。

太阳外层的氢挤入氦核且收缩后形成空隙，并开始了新的核聚变。在核聚变的能量辐射下，恒星中心进一步收缩，而恒星外层开始膨胀，导致太阳表面的温度开始下降，太阳表面的颜色变成红色。此时，太阳进入红巨星的阶段。

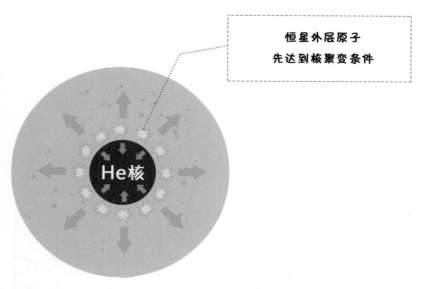

恒星外层的核聚变

太阳外层的核聚变为太阳提供了新的氦元素，当越来越多的氦挤入太阳中心后，电子之间开始产生电子简并压。处于这种状态的电子之间相互存在一种默契，使它们既不会继续靠近，又不会轻易分离。虽然电子简并压阻止了氦核的密度进一步变大，但也带来了更大的隐患。

电子简并压

对于原子而言，每个电子轨道上只能存在一个电子。当物质被压缩时，电子无法被压缩到一起，因此产生了抵抗压缩的力——电子简并压。电子简并压并不是电子相互间的同性相斥，而是由于量子力学中的不相容原理造成的，因此电子的大小与其轨道的数量有关。由于轨道数量是有限的，因此电子简并压也是有限的。

当氦核温度升高到1亿℃之后，氦的原子核也不再稳定，核聚变再次开始了。与太阳正常工作时温和的核聚变不同，这次的核聚变是失控的核聚变。由于电子简并压的存在，氦核无法通过膨胀将核聚变产生的热量散发出去，因此氦核的温度迅速升高，进一步加速了核聚变反应，最终使得氦核的温度失去控制。

同时，简并状态的电子具有很好的传热性能，发生核聚变的区域迅速扩大，最终整个氦核都达到了核聚变所需的温度。在几秒之内，热失控核聚变的反应速率就上升至正常情况下的1000亿倍，氦核也因此发出非常强烈的闪光，科学家将这种闪光称为氦闪。

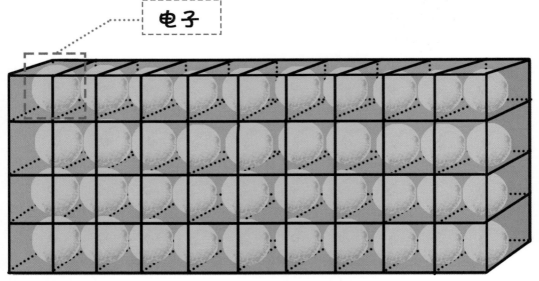

电子简并压

当氦核的温度足够高时，内部的压力超过了电子简并压，电子的简并状态被消除，氦核通过膨胀使核聚变在可控的速率下进行。之后，太阳外层的物质在氦核聚变产生的能量辐射下逐渐膨胀，直至形成行星状星云，而太阳核心在燃烧殆尽后归于平静，再次在万有引力的影响下回归电子简并状态。

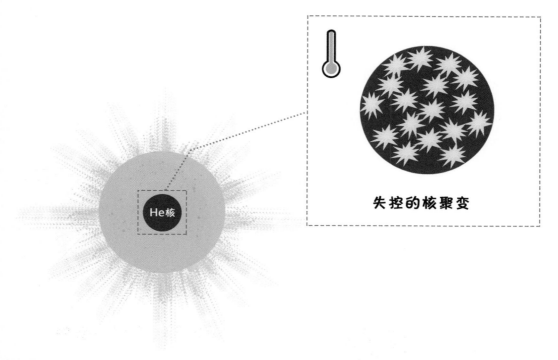

失控的核聚变

He核

太阳发生氦闪

此时，太阳不再进行核聚变的工作，在漫长的余生中，太阳残余的热量以辐射的形式向宇宙中耗散，最终成为一颗冰冷、黑暗的星球。

线索三　其他恒星的晚年生活

对于宇宙而言，恒星演化是一个多结局的游戏。太阳通过氦闪的方式

白矮星

白矮星是一种由电子简并物质构成的恒星核残骸，是恒星演化的最终状态之一，白矮星不再进行核反应，会因不断的能量辐射而逐渐冷却，最终不再发光，成为一颗冰冷的黑矮星。

达成了白矮星的结局，而其他恒星的初始质量和太阳的不同，因此在演化的过程中，其他恒星的核心温度与太阳的核心温度有很大的差异，这导致不同的恒星走向了不同的结局。

质量不到太阳质量一半的低质量恒星同样会通过氢核聚变形成氦核。但由于恒星质量太小，即使消耗完恒星外层所有的氢元素，也无法使恒星内核达到氦聚变所需的温度。这些低质量的恒星并不会经历氦闪的过程，而是以温和的方式变成一颗由氦组成的白矮星。

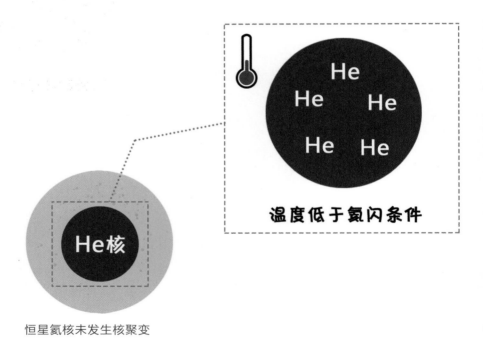

恒星氦核未发生核聚变

质量在 0.8 倍到 10 倍太阳质量之间的恒星被称为中等质量恒星，当核心的氢燃烧殆尽后，这些恒星进入红巨星阶段。其中，与太阳质量接近的恒星的结局和太阳的结局类似，都会形成简并状态的氦核并引发氦闪。而质量较大的恒星加热氦核的速度更快，可以及时地在氦核达到简并状态前引发氦聚变，因此不会经历氦闪的过程。

氦聚变会使恒星继续膨胀，并在恒星中心形成碳、氧组成的内核。中等质量恒星无法达到碳聚变所需的温度，因此其内核比较稳定。当中间层的氦聚变停止后，恒星再次失去能量来源，重新开始收缩，这个过程与红巨星阶段的演化过程十分相似，科学家把恒星的这个阶段称为渐近巨星支阶段。

在渐近巨星支阶段，恒星的外层、中间层会交替进行氢聚变和氦聚变。恒星外层氢聚变产生氦并加热中间层，当中间层的温度达到一定程度后，会引发壳层氦闪，导致恒星加速膨胀和外层冷却，这会使恒星外层的氢聚变停止。当中间层的氦的燃烧接近尾声时，氦聚变产生的热量再次点燃恒星外层的氢，并开启新一轮的循环。

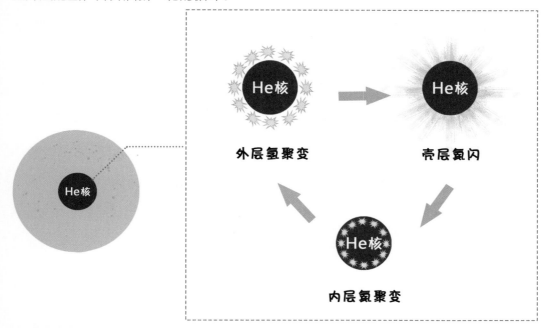

渐近巨星支阶段的聚变循环

铁的核反应

铁是所有元素中原子核结合能最大的，铁的核聚变不仅不会产生能量，还会消耗能量，因此恒星不能通过铁的核聚变延长自己的寿命。

在每次循环中，恒星的核聚变都会将恒星外层大量的物质吹向宇宙中，造成恒星质量流失。在恒星的后期，随着氢和氦的减少，恒星停止了核聚变，恒星外层的物质最终形成行星状星云，而恒星核心变成以碳、氧为主的白矮星。恒星的质量越大，核聚变的能量就越强，最终构成白矮星的元素就越重，直到铁的产生。

白矮星并一定是恒星最终的结局，当白矮星周围存在另一颗红巨星时，红巨星向外界流失的物质会被白矮星的引力吸走，增加的质量有可能会重新点燃这颗沉寂的白矮星。

由于白矮星整体处于简并状态，因此会爆发比氦闪更加剧烈的核聚变反应，并发出剧烈的光芒。这种光芒有时跨越数千光年依然清晰可见，当人们仰望星空时，仿佛夜空中新出现了一颗星星，因此科学家将这种恒星称为超新星。

超新星在宇宙中的作用非常重要。在剧烈的爆炸中，超新星会产生比正常核聚变更强大的能量，重组原子核中的质子和中子，并产生比铁更重的元素。灯泡中使用的钨丝、电路中的铜线都曾是超新星爆炸的产物。同时，超新星爆发产生的星际物质也为下一代恒星的诞生提供了条件，太阳系就是在第一代恒星超新星爆发后的遗迹中形成的。

白矮星的失控核聚变并不是超新星的唯一来源，另

吸质量后爆炸

核心坍缩爆炸

超新星爆发

一个重要的来源是恒星自身的核心坍缩。对更大质量的恒星而言，当铁核的质量超过极限时，铁核中的电子简并压已经无法抵抗自身的万有引力。这时恒星便不会进入渐近巨星支阶段，而是走向了更极端的结局。

　　由于电子简并压的落败，大量无处可去的电子只能进入原子核中，并和质子反应形成中子，这一过程会在短时间内释放巨大的能量，并引发恒星外层的爆炸，使整个恒星变成超新星。在爆炸后，恒星只剩下由中子组成的核心，科学家将这种天体称为中子星。

中子也具有简并压，简并压使中子星可以对抗万有引力并维持稳定。中子的简并压一定能战胜万有引力吗？如果恒星的质量超级大会发生什么呢？我们暂且不揭示超大质量恒星的隐藏结局。

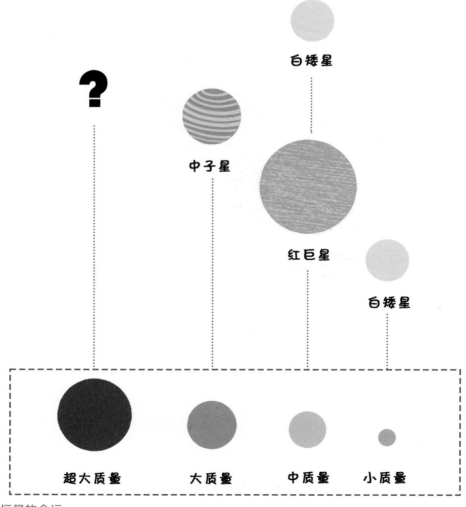

恒星的命运

主线任务二　探寻太阳系家族秘闻

太阳系中不只有太阳，围绕太阳旋转的还有八大行星，每颗行星还有自己的卫星，此外太阳系中还有很多小行星、彗星。这些天体是太阳诞生后的副产物，但它们的形成和运行却隐含了太多的巧合和秘密。第二阶段任务发布：探寻太阳系家族秘闻。

线索四　八大行星的形成

太阳诞生后，核聚变产生的能量辐射阻止了其他原子继续进入太阳。这些原子不会一直以尘埃的形式存在，引力依然会让邻近的原子聚集在一起。但由于太阳辐射的影响，这些原子聚集的方式和当初聚集成太阳的方式已经有了很大的不同。

原子在聚集的过程中，首先会组合成简单的分子。例如氢原子和氧原子组成水分子，氢原子和碳原子组成甲烷分子等。在靠近太阳的区域，由于太阳辐射使得空间温度较高，所以分子难以聚集，只能以气态或液态的形式存在；而在远离太阳的区域，分子可以形成固体，科学家将分子的固体和液体的分界位置称为冻结线。

知识晶体

冻结线

冻结线在天文学中是太阳星云中距离中心原恒星的特定距离，在冻结线之内挥发性物质呈气态，在冻结线之外，挥发性物质凝结成固体冰粒。由于不同挥发性物质的凝结温度不同，它们各自冻结线的位置也有所不同。

位于冻结线处的物质容易聚集形成行星，木星就刚好位于冻结线之外，它是太阳系中最早形成的行星。当第一批物质在冻结线附近聚集形成一个个行星胚胎时，太阳系中并没有其他行星胚胎与之竞争，因此它可以笼络充足的物质。时间上的微弱领先也使木星成为质量最大的行星。

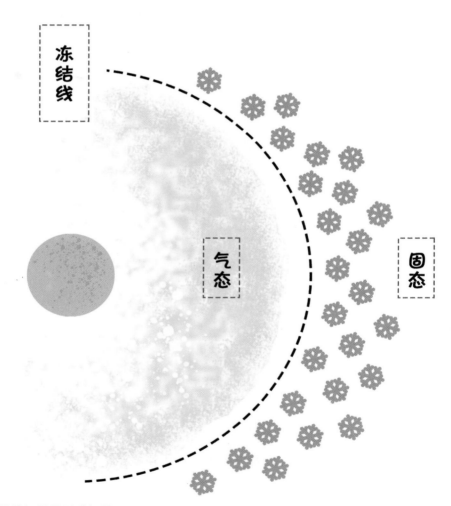

冻结线处最易形成行星

在第一批行星胚胎出现后不久，其他位置上也出现了一批行星胚胎，这些行星胚胎不断地吸收周围的物质，体积逐渐变大，这个时期被称为行星形成时代。

当太阳形成几百万年后，太阳的工作逐渐步入正轨，太阳表面有时会出现太阳黑子这种强烈的局部磁场。太阳内被电离后的带电粒子在磁场的影响下喷射到太阳外，形成巨大的太阳风。太阳风将还未加入行星胚胎的物质吹散到更远的地方，不仅初步清空了这片空间，还结束了行星形成时代。

在以后漫长的时期中，这些行星胚胎在相互引力的影响下不断碰撞、重组、合并，逐渐形成了如今的八大行星及它们的卫星。在冻结线内的 4 个行星被称为类地行星，它们体积较小，以重元素组成的岩石为主。在冻结线外的 4 个行星被称为类木行星，它们体积较大，主要由轻元素组成。

> **知识晶体 太阳风**
>
> 太阳风是指太阳上层大气发射的超高速带电粒子流，其能量爆发主要来自太阳耀斑或其他太阳风暴，在星际中，太阳风不能继续推动星际尘埃的地方被称为日球层顶，通常也被认为是太阳系的外边界。

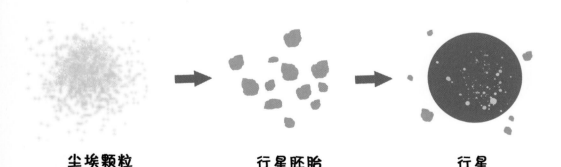

尘埃颗粒　　　　　行星胚胎　　　　　行星

行星形成的过程

轨道共振

当不同轨道上的天体运行周期比值成简单的整数比时，天体间彼此会定期施加引力。虽然这种引力与太阳引力相比十分微弱，但由于这种引力周期性地重复施加，在原理上类似荡秋千，因此会使天体间形成共振。当天体间质量差异不大时，共振的结果使得天体运行周期始终维持这种整数比，从而使天体轨道更加稳定。但当天体间质量差异过大时，这种引力的影响对于微小的天体是毁灭性的。

不是所有的行星胚胎在碰撞后都会合并，在火星和木星之间存在一条小行星带。这里的行星胚胎和木星之间存在轨道共振，碰撞后的行星胚胎在木星引力的影响下重新加速，因此这些行星胚胎并不会逐渐减速直至合并，而是越撞越多，直到今天依旧没有形成一颗行星。

同时，轨道共振还是清除周围区域的有力工具。木星的引力可以使周围的小行星加速，并迁移到更高的轨道上，如今冥王星附近大量的小行星正是这种迁移的结果。经过长时间的清除，木星轨道附近只留下一些稳定运行的卫星，这也保证了木星未来的安全。

由于木星巨大的质量，这种作用同时会造成海王星和天王星的迁移。根据早期行星形成的模型，科学家推测这两颗行星诞生于更接近太阳的位置，木星引力的加速作用使它们的轨道距离太阳越来越远。之后在其他已经被抛出的小行星的影响下，运行轨道再次接近圆形，最终稳定在如今的轨道上。

除了八大行星，在太阳系的边缘还聚集了众多的小天体，被科学家称为奥尔特云。对于奥尔特云的形成目前尚没有定论，一种解释是这里的尘埃因为距离球体太远，同时又受到临近恒星的影响，因此在演化的初期就没有向中心奔去，而是相互抱团，形成了这些小天体。

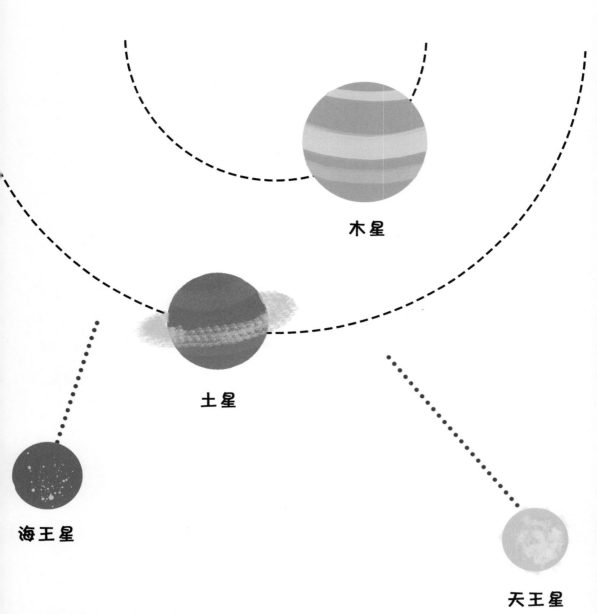

木星

土星

海王星

天王星

木星与土星造成的行星迁移

线索五　轨道共振与家族稳定

虽然八大行星都在围绕太阳旋转，但由于轨道共振的存在，我们不得不考虑行星之间引力的相互影响。这种影响通常是非常复杂的，行星轨道可能会因为周围行星的引力而变得不稳定。但当这些天体运行的模式比较简单时，轨道共振反而维持行星轨道的稳定。

拉格朗日点就是一个简单的例子，当物体的运动速度过快或过慢时，行星的引力可以及时让物体回归正常的速度，因此位于拉格朗日点的物体拥有稳定的运行轨道。另外，当两个行星相互靠近的时间和位置比较固定时，相互之间的引力可以定期修正行星运行过程中的偏差。

地球和火星的运行周期近似为 1 ： 2，当地球绕太阳转两圈后，火星刚好绕太阳转一圈。更准确的时间是 26 个月，每过 26 个月，火星和地球就会靠近一次。假如在运行期间火星被木星的引力加速而缩短了运行周期，在火星和地球靠近时，火星就会跑在地球的前面。此时，地球的引力就会让火星减速并回到正确的轨道。

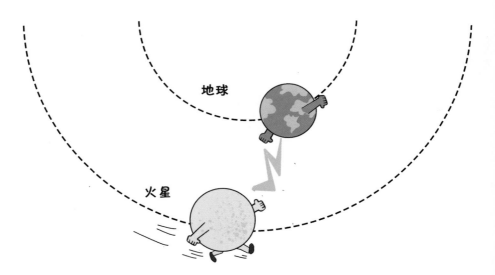

火星与地球的轨道共振

巧合的是，这种规律不只出现在火星和地球之间，太阳系中的行星运行周期普遍存在简单的比例关系。木星和土星的运行周期近似为 2 : 5，天王星和海王星的运行周期近似为 1 : 2。这种规律使得太阳系经常出现行星连珠的现象，在古代，人们将行星连珠的现象解释为天降异兆，而现在科学家正尝试用轨道共振解释这种现象。

另一种轨道共振存在于行星的公转和自转之间，水星的公转周期和自转周期之比为 3 : 2，月球的公转周期和自转周期之比为 1 : 1。相同的公转周期和自转周期导致月球始终只有一个面朝向地球，而我们在地球上始终看不到月球的背面，这种现象被称为潮汐锁定。

潮汐一词最初是对地球上潮起潮落现象的描述，潮汐的形成并不是因为地球的自转将海水甩了出去，而是月球对地球各处引力不均的结果。靠近月球的地面受到的引力最大，远离月球的地面受到的引力最小，地球中心受到的引力则位于两者之间。这导致地球被拉长成椭球形，各处的海水产生高度差，也就是我们看到的潮汐现象。

如果不考虑地球的自转，潮汐的位置应该在地球和月球的连线上，但由于地球自转的速度比月球绕地球公转的速度快，使得潮汐超前于月球的位置，从而导致地球和月球之间的引力也与连线存在一定的角度。

行星连珠

行星连珠是一种特殊的天文现象，即几个行星连成一线或聚在某一区域。

潮汐锁定

潮汐锁定是指天体绕自身的轴自转一圈的时间与绕另一天体公转一圈的时间相同，这使天体永远以一面对着另一个天体。例如月球永远以同一面朝向地球，潮汐锁定的效应也被应用于一些对地观测卫星的稳定上。

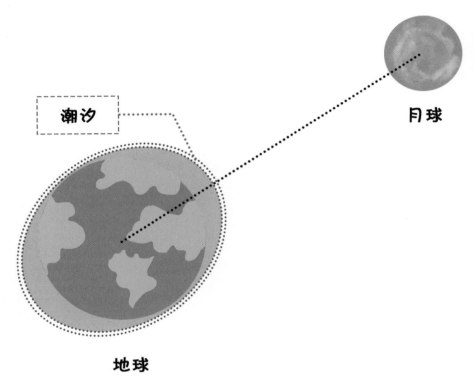

月球对地球的潮汐

连线方向上的引力被用来为月球和地球提供向心力，而垂直于连线的引力却带来了额外的效果，使得月球公转加速，地球自转减慢。在几十亿年后，这种变化会使月球公转的速度与地球自转的速度趋于一致，最终月球固定在地球某一地点的上空。

不仅月球会引起地球的潮汐，地球也会引起月球的潮汐，并且由于地球引力更强，这种影响已经导致月球自转的速度和月球公转的速度一致。在月球上看，地球的位置始终不变。这种潮汐锁定的现象广泛存在于宇宙中，太阳系中的冥王星与卡戎星就处于各自被对方潮汐锁定的状态。

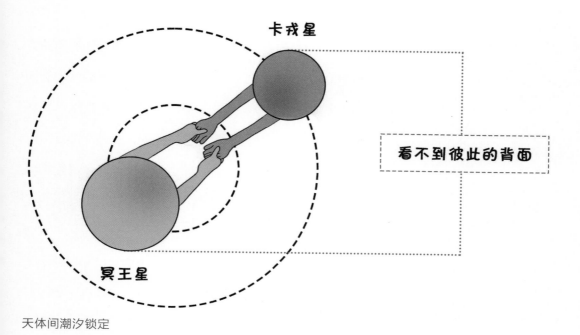

天体间潮汐锁定

在太阳系形成的早期，行星的运行并不稳定。通过轨道共振，行星使各自的自转和公转塑形到一个稳定的状态，目前这种稳定性还将维持几亿年甚至几十亿年。但对于更遥远的未来而言，太阳系中还存在太多的不确定因素，太阳风、银河系的潮汐力甚至是太阳系附近经过的恒星都有可能使这种稳定走向崩溃。

线索六　太阳系两大家规

轨道共振有一个重要的前提，那就是行星必须向同一个方向运行，事实上这也是太阳系八大行星运行的规律之一。当我们在操场上跑步时，我们会默契地沿着逆时针的方向跑，这是源于国际田径联合会考虑到人体构造、地转偏向力等因素制定的规定。对于八大行星而言，这种运行方向的

地转偏向力

地转偏向力是一种惯性力，当观测者位于旋转参考系中时，由于参考系本身在旋转，原本直线运动的物体在观测者眼中并不是直线运动的物体，为了描述此时物体的运动，需要在旋转方向上引入额外的力，但这个力并不是真实存在的力，只是因物体具有惯性而等效引入的虚拟的力，因此这种力被称为惯性力。

默契又是如何形成的呢？

为了解释这个问题，我们需要对前面提到的角动量有更加深入的理解。角动量不仅是对物体圆周运动的描述，还是对一切物体旋转的描述。对一个不受到外界影响的物体而言，角动量是守恒不变的，这种守恒既可以是物体的自转，也可以是物体绕某个点公转，甚至物体在旋转过程中分离成几个部分之后，整体的角动量也是不变的。

形成太阳系的星际尘埃并不是静止的，它们继承了超新星爆发之前恒星的旋转，虽然每个尘埃的运动存在一定的随机性，但星际尘埃整体上具有角动量。在形成太阳系时，角动量保持守恒，也造就了太阳和行星的自转、行星绕太阳的公转。

角动量守恒如同太阳系为行星运行制定的规定，但这只能说明太阳系整体的运行方向是统一的，对于行星个体而言，即使运行方向相反，也不会破坏太阳系的角动量守恒。那太阳系是如何使八大行星都按照这个规定运行的呢？

在星际尘埃向中心汇集的过程中，尘埃之间不断发生非弹性碰撞。对于向同一方向运动的两粒尘埃而言，速度快的尘埃会通过碰撞将动能传递给速度慢的尘埃，两者虽然在碰撞中会损失部分的能量，但并不影响它们的运动方向。对于向不同方向运动的两粒尘埃而言，碰

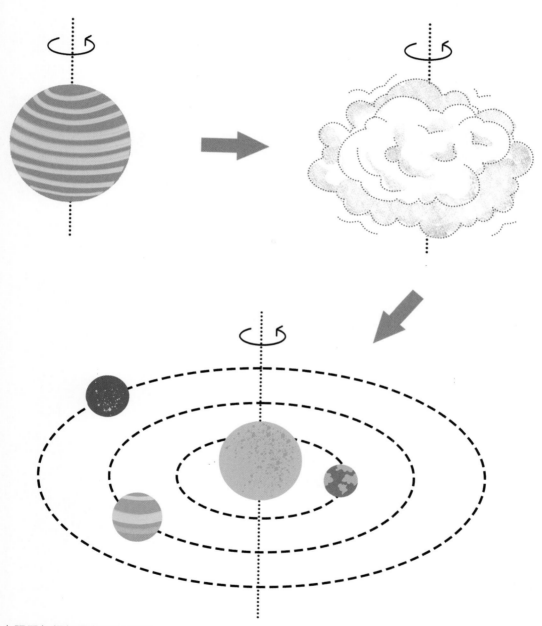

太阳系与超新星角动量相同

非弹性碰撞

非弹性碰撞是指物体碰撞过程中部分动能转换为碰撞物体的内能，使得整个系统的动能无法守恒的一类碰撞。但非弹性碰撞依然遵循动量守恒定律，损失动能的极限值是两个碰撞物体的相对动能。

撞是两者之间的相互对抗，获胜的一方会改变另一尘埃的运动方向。

由于星际尘埃整体具有向某一方向旋转的趋势，导致沿这个方向运动的尘埃具有绝对性的优势，在长期的碰撞中，最终所有的尘埃都向着同一个方向运动。因此在后来形成太阳系时，各个行星继承了尘埃的运动，并沿着相同的方向绕太阳公转。

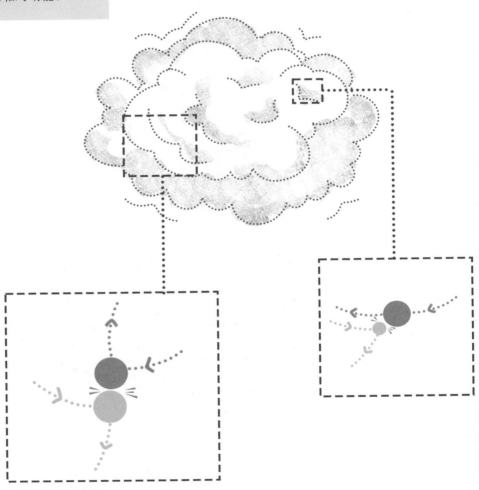

尘埃颗粒间的碰撞

星际尘埃之间的碰撞不仅影响着行星运行的方向，还影响着行星轨道另一个重要的特点：共面性，也就是八大行星的轨道几乎处于同一个平面上。星际尘埃原本是一团旋转着的不规则形状的物质，为了方便描述，我们类比地球上赤道和两极的概念对应星际尘埃的不同区域。

赤道区域的尘埃运动距离旋转轴较远，运动所需的向心力较大，因此向中心汇集的速度较慢；而两极区域的尘埃向中心汇集的速度较快。当来自两极的尘埃在赤道区域相遇时，它们通过碰撞和相互对抗，不论哪一方都没有绝对的优势，因此它们最终会停留在赤道区域。

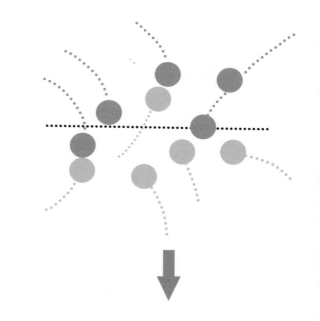

原行星盘

此时星际尘埃的形状如同一个盘子，科学家将这个盘子称为原行星盘。行星从原行星盘诞生，因此轨道面之间的角度并不会差得太大。而后，轨道共振会进一步调整轨道面的角度，使行星轨道越来越接近同一个平面。

在如今的太阳系中，几乎所有的行星都在同一个平面沿着相同的方向绕太阳稳定地旋转。正是由于最初角动量埋下的种子、尘埃间的非弹性碰撞和行星间轨道共振长期的耕耘，才造就了这种行星运行的默契。

主线任务三　寻访地球守护者

　　目前，虽然太阳的演化相对稳定，行星的运行也相对稳定，但对于孕育生命而言，这还远远不够。为何太阳系中只有地球孕育了生命？又是哪些因素在默默守护着地球文明？第三阶段任务发布：寻访地球守护者。

线索七　抵御太阳风暴

　　当我们仰望星空时，有时会看到一些特殊形状的星星，它们有着长长的尾巴，这就是彗星。彗星是由冰构成的小行星，它们来自海王星之外，并沿着椭圆形的轨道绕太阳运行。当它们靠近太阳时，会在太阳的影响下不断损失自己的物质，从而形成彗尾。

　　对彗星的研究使我们对太阳有了更深刻的认识。彗星通常有两条尾巴，其中一条尾巴是黄色的尘埃彗尾，这条尾巴主要是由在太阳光影响下的彗星上的物质蒸发形成的，随着彗星的运动，这些物质拖在彗星的后面，并在光压的影响下向宇宙中扩散，形成的彗尾如同巨大的扫把。

　　而另一条尾巴是蓝色的气体彗尾，这条彗尾笔直而细长，并且总是背对着太阳的方向。对这条彗尾成因的

等离子体

等离子体是原子中电子被剥离后产生的由正负离子组成的离子化气体状物质。

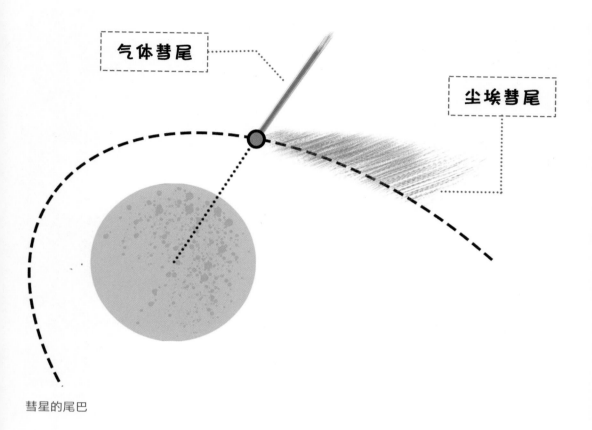

气体彗尾

尘埃彗尾

彗星的尾巴

研究使科学家发现了太阳风的存在，太阳风是由高速等离子体组成的，承载了太阳磁场的太阳风如同一块大磁铁，将彗星蒸发的物质中的离子吸引到一起，并和这些离子相互作用发出蓝色的光芒。

由于太阳风的范围远远超过冥王星的轨道，因此这不仅影响靠近太阳的彗星，还影响太阳系中的行星。对于距离太阳最近的水星而言，原始的水星大气在太阳风的作用下已经消失殆尽，剩下的只有来自太阳风的氢元素和氦元素。但地球的大气并没有在太阳风的影响下消失，这得益于守卫地球的磁场。那么地磁场是如何产生的呢？

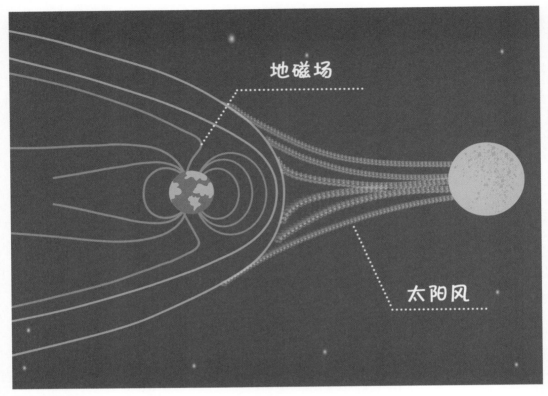

地磁场的守护

电磁感应

当把导电的物体（导体）放在磁场中时，如果通过导体的磁场线数量（磁通量）发生了变化，那么导体的两端会产生电压差；如果导体是接通在电路中的，那么电路中会产生电流。这种由磁生电的现象被称为电磁感应现象。

最被认可的机制是发电机理论。地球内部的温度很高，使得地核物质中的电子脱离了原子核的束缚，成为熔融状态的等离子体。在浮力和地转偏向力的影响下，这些等离子体在地球内部之间流动。当地球内部存在磁场时，这种等离子体的流动会因电磁感应效应而产生感应电流，感应电流也会产生感应磁场，这种磁场维持了地球内部原有的磁场。

发电机理论可以解释地磁场为什么一直存在，也可以解释磁场轴线和地球自转轴不重合、地磁场翻转等现象，但需要地球有一个初始的磁场。目前，地球初始磁场的来源仍没有定论，可能来自地球之外的影响，也有可能是地球内部某些反应的结果。

虽然地球有地磁场的保护，但有时太阳表面会产生剧烈的太阳风暴，比如突然释放大量物质而形成的日珥喷发、表面闪光而形成的太阳耀斑、高密度的磁性活动而形成的太阳黑子，这些现象往往同时发生，如同太阳上发生的一场风暴。

在太阳风暴期间，太阳风会更加剧烈，并突破地磁场的防线，扰乱地球原本稳定的电磁环境，造成通信干扰、电力供应中断等严重后果。

线索八 危险的小行星

流星雨是星空中最吸引人的天文现象之一，这种定期到来的流星雨与彗星撒向宇宙的尘埃有关，当这些尘埃进入地球大气层时，因摩擦产生热量从而发光。但不是所有的流星都如此美丽，有的流星隐藏着更大的危险。

在太阳系形成之时，除了八大行星，还形成了无数的小行星，这些小行星同样围绕太阳运行，但在周围行星的影响下，小行星的轨道并不稳定。有时它们会运行到距离地球很近的地方，并威胁地球的安全。曾经生活在地球上的恐龙就被认为是因为小行星的撞击而遭到了灭绝。

目前，已知的小行星主要集中在火星和木星之间的小行星带上，但这里的小行星的运行轨迹比较稳定，基本不会来到地球附近。此外，小行星还存在于海王星之外的柯伊伯带和更遥远的奥尔特云。

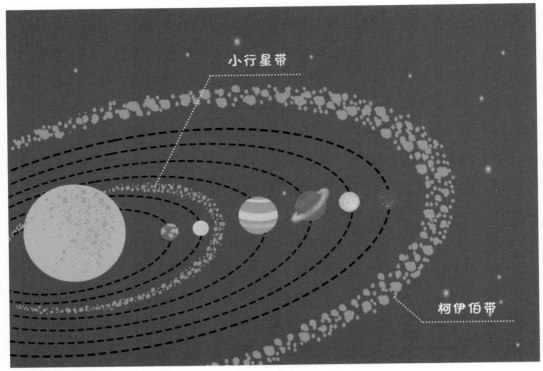

小行星聚集的区域

柯伊伯带、奥尔特云

柯伊伯带位于海王星轨道外侧，是太阳系形成的遗迹之一，这里布满冰封的微行星，同时也是短周期彗星（如哈雷彗星）的发源地。

奥尔特云位于太阳系边缘，是一个主要由冰、固态甲烷等组成的球状云团，同时也是长周期彗星的发源地。

当这里的小行星脱离了轨道，向靠近太阳的行星运行时，木星充当了地球的守护者。这些小行星在来到地球之前，其大部分会被木星的巨大引力甩走，或者被木星捕获而成为木星的一颗卫星，也有的会直接撞在木星上。因此它们对地球的威胁也不大。

对地球比较有威胁的小行星位于火星轨道之内，这类小行星又被称为近地小行星。这些小行星有的从外侧靠近地球，有的从内侧靠近地球，还有的在地球轨道内外来回穿梭。目前，科学家正在密切追踪这些小行星的运动轨迹，但没有很好的方法解决有可能发生的撞击。

成就 太阳系代表

　　太阳是宇宙亿万颗恒星中平凡而又独特的一颗，太阳的诞生与演化遵循着恒星固定的剧本，行星轨道的巧合背后也有着必然的规律，但独特的是，在太阳系的第三颗行星上孕育了人类文明。飞越太阳系，飞向宇宙的星辰大海。这里是一张充满未知的地图，是一本绚丽神奇的百科全书，也是一座蕴藏着科学奥秘的无尽宝库。

　　新的视界已经开启……

第三章

探寻宇宙奥秘

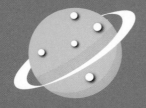

鱼生活在水中，人类生活在空气中，而恒星则存在于宇宙中。比起研究恒星，研究宇宙更令人着迷。我们常常认为宇宙是真空的，宇宙空间真的空无一物吗？宇宙从何而来？又如何变迁？最终又将走向什么样的结局呢？宇宙是什么形状的？我们可以环游宇宙一周吗？在新的旅程中，我们将逐一探寻这些关于宇宙的奥秘。

主线任务一 寻找宇宙的起源

曾经人类认为地球恒定不动，斗转星移，后来人们发现地球在自转；曾经人类认为繁星恒定不动，日月穿梭，后来人们发现天体运动的规律；曾经人类认为宇宙恒定不动，后来人们发现宇宙始终在不断膨胀。那么，膨胀前的宇宙是什么样的呢？第一阶段任务发布：寻找宇宙的起源。

线索一 星系在离我们远去

地球是太阳系中的一颗行星，太阳是银河系边缘的一颗恒星，望远镜为我们打开了宇宙的大门，无数的星系仿佛一座座孤岛，散落在宇宙之中。科学家们对宇宙中的星系十分好奇，这些星系在运动吗？它们是在靠近我们，还是在远离我们？

对于这些问题，我们能获取的信息只有从星系传来的光。光看似简单，其实它蕴含的信息非常丰富。牛顿最先通过实验的方法对太阳光进行了研究，当太阳光穿过三棱镜时，会色散成红、橙、黄、绿、蓝、靛、紫等不同颜色的光。

色散现象说明恒星发出的光并不是单一的，而是由不同频率的光混合而成的。由于玻璃对不同频率的光的折射程度不同，所以混合光从空气中穿过三棱镜后色散

色散现象

色散现象是光波在不同介质间传播时的相速度随着光的频率而改变的现象。从效果来看，可以将色散现象定义为复色光在不同介质间传播时分解为单色光的现象。雨后的彩虹、钻石映射的光芒等都是生活中常见的色散现象。

成不同频率的光的偏转角度不同，从而形成一条连续的彩色条带，这个条带被称为光谱。

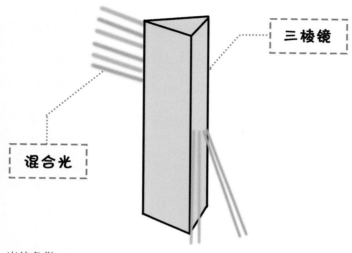

三棱镜

混合光

光的色散

恒星的光形成的光谱看似连续，但将其放大后会发现光谱在某些特定的位置是断开的。这些断开的位置在连续的光谱中仿佛一根根黑线，这表明这些频率的光并没有穿过恒星，而是在穿过恒星外层时被吸收了，因此科学家将这些黑线称为吸收线。这些吸收线的位置与恒星外层物质的元素有关，每种元素可以吸收的光是固定的，通过分析光谱我们可以知道恒星外层物质包含哪些元素。

但当科学家分析其他星系中的恒星的光时，大部分吸收线的位置在正常位置的左侧，也就是发生了红移。产生红移的原因主要有两种，一种是引力造成的引力红

知识晶体

光子的能量

由于波粒二象性，光子既是波又是粒子，因此光子与其他粒子一样，在运动时具有能量。根据量子力学，光子的能量可以表示为：

$E=hv$，h 为普朗克常数，

v 为光的频率

频率越高，光子能量越大。频率越低，光子能量越小。

移，当光从大质量天体的引力场中向外传播时，需要损失一些能量来抵抗天体的引力，这会导致光的频率降低，因此光谱整体会偏红。

另一种是相对运动造成的多普勒红移。在日常生活中，向我们驶来的车鸣笛的声音很尖，而驶过我们之后，车鸣笛的声音又变得低沉。这就是多普勒效应，相对运动改变了一个完整的波经过我们的时间，使我们感受到波的频率出现了偏移。同样，对于光而言，也有类似的多普勒效应，当天体靠近我们时，我们看到的光偏蓝，当天体远离我们时，我们看到的光偏红。

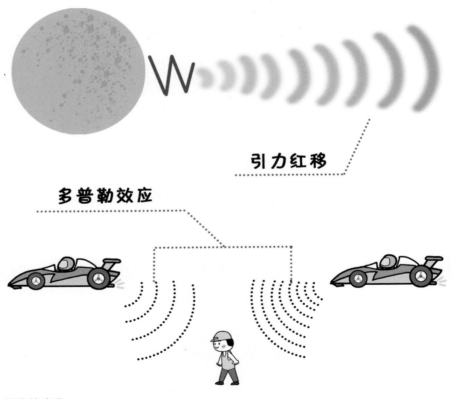

频率的变化

直观地看，星系的运动方向应该是随机的，由此造成的多普勒效应既有红移也有蓝移，但大部分的光都会红移，这样看上去引力红移应该是正确的。但在对引力红移进行了更细致的计算后，科学家们却发现引力红移的结果和吸收线实际的偏移对应不上。

后来，哈勃发现距离银河系越远的星系，其光线的红移越大，并且两者之间成正比。无论是引力红移，还是相对运动带来的多普勒红移，理论上都取决于星系本身，而与星系、与我们之间的距离无关。与距离有关的只有距离，在排除了其他可能后，哈勃提出宇宙在不断膨胀的理论。

知识品体

哈勃－勒梅特定律

在宇宙学中，哈勃－勒梅特定律是指遥远星系的退行速度与星系和地球的距离成正比，这个定律成为宇宙膨胀理论的基础。其中勒梅特通过理论计算得出宇宙膨胀的结论，哈勃则是通过天文观测证实了宇宙膨胀。

退行速度和距离的比值被称为哈勃常数，哈勃常数虽然是常数，但是会随着时间不断变化。如果哈勃常数不断变大，则说明宇宙在加速膨胀；如果哈勃常数不断变小，则说明宇宙膨胀在减慢。然而哈勃常数的测量仅能依赖天文观测，直到现在，科学界对于哈勃常数的精确值仍存在争议。

空间膨胀

宇宙的各处空间都处在不断膨胀中，从而造成星系之间的距离越来越远，使我们看到其他星系的光产生了多普勒效应，星系之间的距离越远，空间膨胀带来的影响越大，这种独特的红移现象被称为宇宙学红移。可是，空间怎么会膨胀呢？空间究竟是什么？

线索二　从绝对时空到相对时空

宇宙的膨胀是空间自身的膨胀，这使我们不得不重新认识宇宙时空。在漫漫的人类历史中，人们认为空间是固定不变的。牛顿提出万有引力定律之后，为我们描述了一个机械的绝对时空观：宇宙就像一台精准的电脑，电脑主板提供了系统时间，电脑硬盘提供了存储空间，电脑中的每个文件都使用同一时间和空间。时间和空间彼此独立，不受宇宙万物的影响。

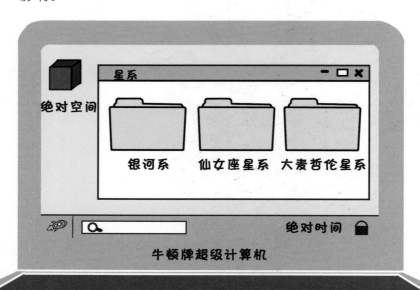

牛顿的绝对时空观

到了 19 世纪，这种绝对时空观越来越受到新的实验现象的冲击。麦克斯韦理论指出，真空中的光速是固定的，不仅与光源的运动速度无关，也与观测者的运动速度无关。

在牛顿的绝对时空观中，光速固定不变是不可能的事情。在一个绝对的空间中，速度都是相对的。飞驰在高速公路上的汽车的速度很快，如果我们坐在车中，就会感觉周围车的速度并不快，这就是相对速度的概念。不论物体运动得多快，当观测者高速运动时，高速运动的物体和观测者之间的相对速度就会很小。

但对于光而言，不论观测者是静止的，还是处在高速运动中，光速都是一样的。也就是说，一旦发出了一束光，我们就永远不可能超越这束光。这个违反相对速度的现象说明，要么是光出现了问题，要么是空间出现了问题。

知识晶体 光速

运动的电场可以产生磁场，运动的磁场也可以产生电场，麦克斯韦理论是对这两种现象的统一，同时也预言了电磁波的存在。根据麦克斯韦理论，真空中的电磁波以光速传播，并且这个速度是由真空介电常数和真空磁导率决定的，是一个固定不变的常数，这与牛顿的相对速度的观点是矛盾的。

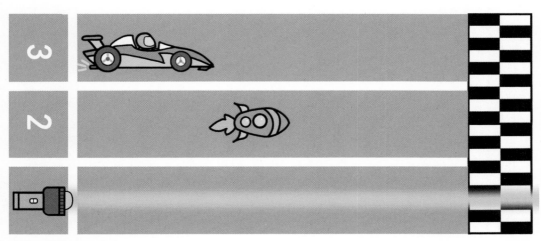

速度无法被超越的光

爱因斯坦认为麦克斯韦理论是正确的，他从光速不变出发，否定了牛顿的绝对时空观，提出时间和空间是相对的。时间和空间会受到观测者运动速度的影响，当观测者高速运动时，它所感知到的空间会被压缩，时间会被拉长。正是时间和空间的这种变化保证了光对于每位观测者的速度是相同的。

爱因斯坦由此建立了相对的时空观。在相对时空观中，时间和空间不再是一成不变的背景，而是会在宇宙万物的影响下发生变化，这种变化不仅与观测者的运动速度有关，还受到观察者周围物体质量的影响。

爱因斯坦提出了一个大胆的想法。假设太空中有一艘正在航行的宇宙飞船，当飞船匀速运动时，船舱中的货物会处于失重状态，漂浮在船舱中。而当飞船加速运动时，飞船中的货物会被牢牢压在地板上，就像我们乘坐电梯时体验到的超重感觉一样。

对于飞船中的航天员而言，他们搬起一件货物同样需要很大的力气，这种情况和在地球上搬起同样的货物没有什么不同。如果航天员无法观察飞船外的情况，他就无法确定飞船是在加速运动，还是停留在地球上。

爱因斯坦认为，既然根据实验结果可知物体的惯性质量和引力质量是相等的，主观感受上也无法区分加速运动和引力作用，那么惯性质量和引力质量就是等效的。这就是爱因斯坦的等效原理。这个原理说明

惯性质量和引力质量

惯性质量是牛顿第二定律中与物体加速运动有关的质量。引力质量是万有引力定律中决定物体之间引力大小的质量。科学实验表明物体的惯性质量和引力质量在实验精度范围内是相等的，但由于牛顿第二定律和万有引力定律之间不存在联系，因此无法认为惯性质量与引力质量是完全等效的。

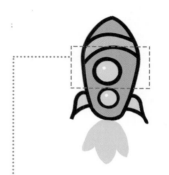

在地球上搬箱子

在加速的飞船中搬箱子

等效原理

引力是空间本身造成的，万物并不直接产生引力，而是通过改变空间的形状产生引力。

　　基于这个设想，爱因斯坦提出了一套严密的理论体系，在相对论的时空中，空间不再是固定不变的，而是可以被压缩、拉长、扭曲的。为了精确地描述时空的变化，爱因斯坦提出了一组方程，这组方程蕴含着许多超越常识的宇宙规律，而哈勃的宇宙膨胀理论无疑是对爱因斯坦方程的又一力证。

线索三　爆炸中诞生的宇宙

既然如今的宇宙在不断膨胀，过去的宇宙应该比现在的小很多，那么宇宙最初是什么样子呢？主流观点认为宇宙最初只是一个点，虽然这个点没有体积，但储存了如今宇宙中所有的物质，而这个点之外则是一片虚无，不仅没有物质，也没有时间和空间的概念。

在某个瞬间，这个点发生了爆炸，时间和空间也随之形成，宇宙开启了它的第一个时期——普朗克时期。此时宇宙中的一切挤在极小的空间中，接近无限高的温度让一切物质、能量、基本力都混合在一起。宇宙开始由一个极小的空间不断向虚空中膨胀，并在膨胀的过程中不断冷却。

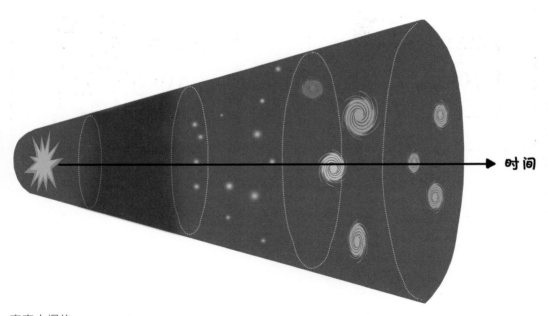

时间

宇宙大爆炸

随着宇宙温度的降低，原本混合在一起的基本力先后分离，宇宙陆续进入不同的时期：最先分离出来的基本力是引力，宇宙进入了大一统时期；

随后强核力分离出来，宇宙进入了电弱时期；最后电磁力和弱核力也相继分离出来，宇宙进入了暴胀时期。

当强核力和电弱力分离时，会破坏宇宙的平衡，导致宇宙中产生相变。而相变会导致物质的体积、状态等发生剧烈变化，比如生活中液态水到水蒸气的相变使得水的体积急剧增加，同样宇宙的相变也导致了宇宙体积急剧增加，科学家将宇宙的这一阶段称为暴胀时期。

暴胀可以解释如今宇宙中的很多现象，其中比较重要的是，为什么宇宙是均匀的。如果宇宙是缓慢膨胀的，由于最初的空间很小，在引力的作用下物质很快就会聚集在一起，使得最终形成的星系不会均匀分布在宇宙各处。

而如果宇宙在初期经历过暴胀，那么在被引力聚集到一起之前，物质可以快速远离，因此后期形成的星系可以均匀分布在宇宙中。今天，当我们用望远镜看向宇宙深处时，不论在哪个方向都可以看到很多星系，并且这些星系看起来没有什么差别，这就印证了宇宙曾出现过暴胀时期。

另一个现象是暴胀引力波。根据理论预测，暴胀会产生一个空间的波动，这种波动与爆炸形成的冲击波类似，并且暴胀引力波几乎不会受到物质的影响，因此可

基本力

基本力又被称为基本相互作用，包括引力、电磁力、强核力、弱核力4种基本力，迄今为止观测到的所有关于物质的物理现象都可以借助这4种基本力得到解释。物理学家一直致力于用统一的模型解释这4种基本力，其中电弱统一理论将电磁力和弱核力统一为电弱力，规范场论将强核力、弱核力和电磁力统一成同一种力。

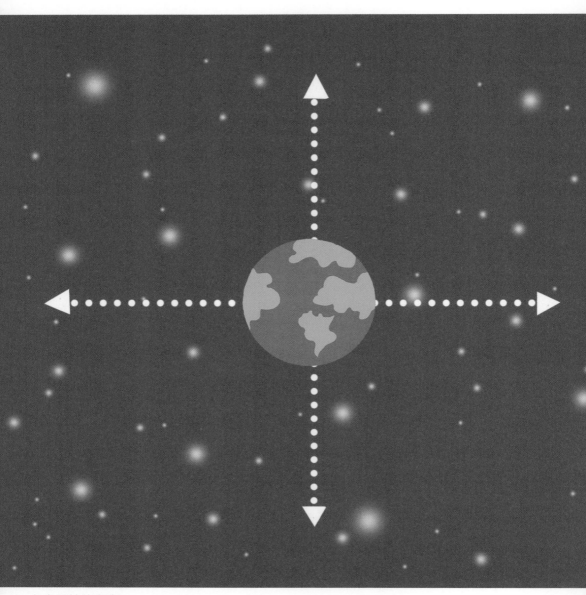

各向同性的宇宙

以在宇宙内不断传播，对暴胀引力波的探测可以帮助我们了解宇宙初期的演化过程。

突破任务　组装宇宙的各类物质

　　自爆炸中诞生的宇宙先后出现了温度、时间、空间、基本力等要素，但构成宇宙的重要物质仍未形成，在宇宙最初的这碗热汤中，各种基本粒子是如何产生的？又是如何形成质子、原子和分子的？物质的性质从何而来？反物质和暗物质又是什么？突破任务发布：组装宇宙的各类物质。

线索四　组装物质的原料

　　在暴胀时期结束后，宇宙中的温度迅速降低，已经允许形成最初的粒子，包括夸克、反夸克和胶子。此时的宇宙充满了这些基本粒子，科学家将这一时期称为夸克时期。

　　夸克、胶子和强核力是宇宙为形成物质进行的第一项准备工作。夸克是目前已知的构成物质的最基本的要素之一，在正常情况下，夸克无法单独存在，必须通过强核力结合形成更复杂的粒子，而胶子是强核

引力波

引力波是爱因斯坦广义相对论的预言之一，爱因斯坦认为引力是物质造成时空扭曲的宏观体现，当时空扭曲发生变化时，这种变化会以波的形式从造成时空扭曲的物质源向外传播，这种波被称为引力波。在宇宙的初期，时空也在剧烈变化，暴胀、再加热、相变等机制都有可能导致引力波的产生。

基本粒子

在粒子物理学中，基本粒子是组成物质最基本的单位之一。在历史上，人们曾认为分子是组成物质最基本的单位之一，随后发现分子是由原子组成的，后来又发现了质子、中子和电子。而如今，科学家又发现质子和中子是由夸克组成的。随着系统性研究，科学家确定了组成物

质最基本的单位包括夸克
（上夸克、下夸克等）、
轻子（电子、中微子等）、
规范玻色子（光子、胶子等）
和标量玻色子（希格斯子）
4类，这些粒子被称为基
本粒子，它们组成了粒子
物理的标准模型。

重子、介子、强子、轻子

重子，由3个夸克（或3
个反夸克）组成的复合粒
子，包括质子和中子（合
称为核子）、Δ、Λ、Σ、
Ξ和Ω等重子家族（合
称为超子）。

介子，由一个夸克和一个
反夸克束缚在一起形成的
粒子，种类很多。

强子，由夸克或反夸克组
成的复合粒子，包括重子
和介子两类。

轻子，不参与强相互作用
的基本粒子。

力的媒介，它像胶水一样将夸克黏在一起。常见的一种结合方式是3个夸克通过强核力结合形成质子、中子等重子；另一种结合方式是一个夸克和一个反夸克结合形成介子。

除了组合形成重子、介子等强子，胶子也会参与重子相互交换夸克的过程。在胶子的参与下，重子会产生一个介子，这个介子好像一位快递员，与相邻的其他重子重新结合起来传递夸克，并由此在重子之间产生强核力。通过这个过程，重子得以紧密结合在一起形成原子核。

在夸克时期，宇宙中同样存在大量的轻子和玻色子，这是第二项准备工作。轻子同样也是基本粒子，电子是日常生活中比较常见的轻子。但轻子和夸克并没有直接的关系，轻子既不会组成夸克，也不会参与强相互作用。轻子只会感受到弱核力、电磁力和引力这3种基本力。

玻色子则是弱核力、电磁力的传递媒介。夸克时期，随着大量的基本粒子不断碰撞，产生一些不稳定的玻色子，W玻色子和Z玻色子担任了弱核力的媒介，光子则是电磁力的媒介。

轻子和玻色子共同参与了弱相互作用和电磁相互作用，与强相互作用不同的是，弱相互作用可以直接改变夸克的种类，从而直接使重子的种类发生改变，比如中

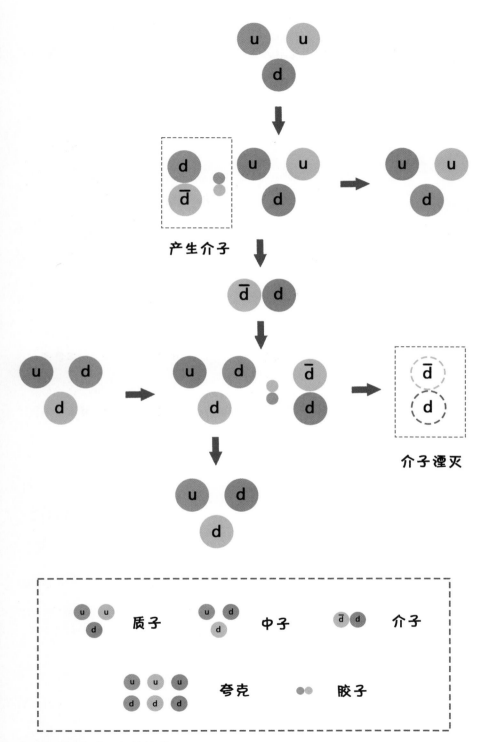

产生介子

介子湮灭

质子 中子 介子

夸克 胶子

夸克在质子与中子间的传递

子中的下夸克通过释放一个 W 玻色子，变为上夸克，同时中子也就衰变为质子。随后 W 玻色子又变成电子和反中微子这两种轻子。

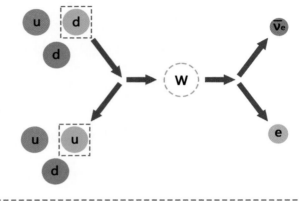

中子衰变成质子

玻色子与费米子

玻色子是自旋为整数的粒子，其特点是多个相同的玻色子可以同时处于相同的量子态。与玻色子相对的是费米子，费米子是自旋为半整数的粒子，遵循泡利不相容原理，即两个相同的费米子不能同时处于相同的量子态（如电子依次位于不同能级轨道上）。

玻色子是一种常见的粒子。标准模型中传递作用力的胶子、光子、W 玻色子、Z 玻色子及赋予粒子质量的希格斯子都属于玻色子，量子引力理论中传递引力的引力子也是玻色子，介子等复合粒子、声子等准粒子也是玻色子。

至此，引力、强核力、弱核力、电磁力这 4 种基本力已经形成，强核力、弱核力、电磁力也找到了各自的传递媒介，组成物质的夸克和轻子也已具备，用来描述这些基本力和基本粒子的规范场论、标准模型等理论也初步建立起来。

但后来的实验却和理论产生了冲突。根据理论，传递基本力的媒介应该不具有质量，但实验中 W 玻色子和 Z 玻色子却具有质量。为了解决这一矛盾，科学家提出了为基本粒子赋予能量的希格斯玻色子，为标准模型补上了最后一块拼图。

宇宙中的真空并不是什么都没有，而是存在着希格斯场。希格斯场在空间中无处不在，并且无时无刻在不同状态间波动。希格斯场的波动与所有基本粒子发生相互作用，这种相互作用的媒介是希格斯玻色子，而这种作用的结果是所有基本粒子通过希格斯场获得了质量。

希格斯玻色子是宇宙在夸克时期为组装物质做的最后一项准备工作，此时的宇宙万事俱备，只欠东风，当宇宙温度进一步降低时，就可以正式开始对物质的组装工作。而自大爆炸开始，到这些准备工作完成，宇宙的年龄仍不到一秒。

希格斯场

希格斯场是遍布全宇宙的量子场，基本粒子的质量则是粒子与希格斯场耦合的宏观体现，基本粒子与希格斯场的耦合越强，粒子的质量越大，而光子和胶子不与希格斯场耦合，因此它们不具有静质量。这种粒子从希格斯场中获得质量的机制被称为希格斯机制。

理论上，希格斯场是在不断振动的，在振动时会等效产生希格斯玻色子，因此通过寻找希格斯玻色子可以证明希格斯场的存在。

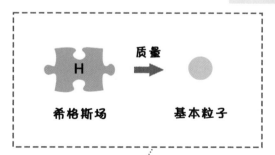

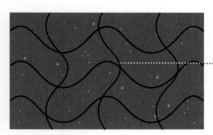

粒子质量的来源

反粒子

反粒子是一种质量、寿命、自旋都与正常粒子相同，但相加性量子数（电荷、重子数、奇异数等）与正常粒子大小相等、符号相反的粒子。最初反粒子的概念来源于固体物理中的空穴，空穴可以看作一种与电子对应的虚拟的准粒子，狄拉克由此提出了电子的反粒子，后来科学家陆续发现了其他反粒子，并在实验室中发现了由反粒子组成的反物质。

线索五　逐步走向正轨

宇宙准备的原料有些多，除了夸克，还有反夸克。这些反夸克是夸克对应的反粒子。当宇宙温度很高时，正粒子、反粒子相安无事，一旦宇宙温度降低，正粒子、反粒子相遇时就会相互消灭并释放出巨大的能量。

比这场较量更早到来的是强子的产生。随着宇宙温度的降低，夸克可以组装形成强子，此时宇宙进入强子时期。强子时期持续的时间不足一秒，宇宙中的夸克和反夸克丝毫不敢放松，它们快速结合形成强子和反强子，为这场较量扩充自己的实力。

在大爆炸后的第一秒，这场正强子、反强子之间的较量爆发了。根据如今的宇宙，正强子战胜了反强子。虽然科学家在实验室中已经确认了反物质的存在，但在宇宙中一直没有找到残留的反物质，宇宙中缺失的反物质也成为至今尚未破解的谜题。

经过正强子和反强子的较量后，宇宙进入轻子时期。此时宇宙的温度已经不允许形成新的夸克并结合成强子，但依然可以形成新的轻子，并且宇宙的温度也维持着正轻子、反轻子之间的平衡。在大爆炸后的第十秒，正轻子、反轻子之间的较量也爆发了，无疑正轻子又获得了胜利，这标志着轻子时代的结束。

正轻子、反轻子的较量落幕后，宇宙进入光子时期，光子和其他粒子碰撞并产生相互作用，由此产生的能量

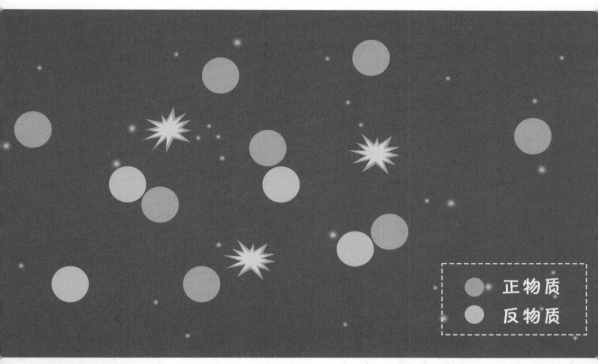

正物质、反物质较量

成为宇宙中主要能量的来源。虽然光子在宇宙中无处不在，但由于其他粒子的阻挡，以及带电粒子对光子的汤姆孙散射，光子并不能自由传播，因此宇宙仍处于不透明的状态。

在光子时期，宇宙的物质组装工作终于步入了正规。随着宇宙温度的降低，重子之间可以结合形成原子核。一个质子就是氢原子核，而其他更重的原子核是通过核聚变产生的。但随着时间的推移，宇宙的温度也逐渐降低，而当氦原子核形成时，宇宙的温度已经不允许原子核继续结合，因此，光子时期宇宙中主要的元素是氢和氦。

汤姆孙散射

汤姆孙散射是指光和自由带电粒子产生的弹性散射，与光和不带电粒子的碰撞不同的是，光在传播时产生的电场会使带电粒子加速，并使粒子产生和入射光频率相同的电磁辐射。

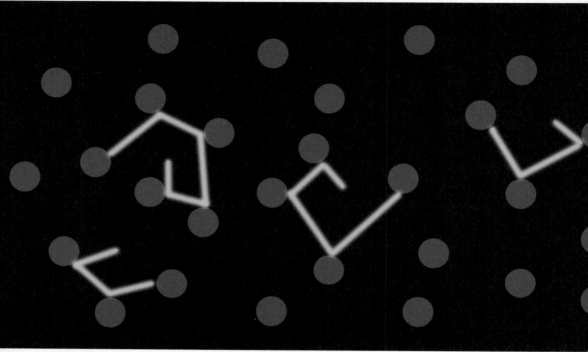

不透明的宇宙

而后轻子和重子的结合开始了，带正电的原子核和带负电的电子相互组合，形成中性的氢原子和氦原子。由于大量的带电粒子变成中性原子，使得光子可以在宇宙中自由移动，宇宙从不透明的状态变为透明状态，这个过程被科学家称为光子退耦。

光子退耦标志着光子时期的结束，从大爆炸到光子时期结束的约 38 万年间，宇宙如同被笼罩在迷雾中，宇宙大爆炸中产生的原始光子始终在与其他粒子发生碰撞和反应。直到光子时期结束，整个宇宙才云开雾散，并向着未来发出了第一缕光。

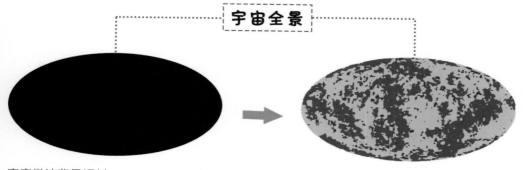

宇宙微波背景辐射

科学家将这缕光称为宇宙微波背景辐射，直到今天它依然在宇宙中回荡，并充满了整个宇宙。它并不是可见光，属于微波的范围，因此要看见这缕光需要借助射电望远镜。在射电望远镜中，星际空间并不是漆黑一片，而是散发着微弱的辉光。

而在这次闪光之后，宇宙温度继续降低，宇宙中的各种粒子趋于稳定，各种反应逐渐停止，宇宙不再有新的光子产生，此时宇宙进入黑暗时期。直到这些粒子在万有引力的作用下重新聚集，成为恒星，并通过核聚变发出光，才结束了长达数亿年的黑暗时期。

线索六 宇宙中失踪的物质

在茫茫宇宙中，我们可以看见的物质只占很小一部分。除了失踪的反物质，还有很多物质都意外消失了，或是隐藏在宇宙的黑暗之中。宇宙中比较常见的重子也有一部分失踪了。根据宇宙大爆炸模型，现在宇宙中的重子应该比我们已经看到的重子要多，科学家们将这个问题称为重子缺失问题。

目前主流观点认为，失踪的重子没有参与形成恒星，而是游离在宇宙的星系之间，形成了一团团高温气体。与恒星中的重子不同，失踪的重子无法通过核聚变发光，因此我们只能依靠它们微弱的热辐射观测它们。为了找到它们，科学家们开启了宇宙热重子探寻计划。但直到现在，科学家们仍没有找到所有失踪的重子。

星系   **空洞**

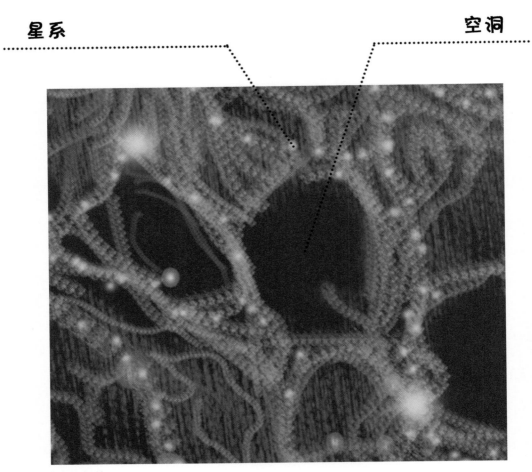

星系间的高温气体

　　另一类失踪的物质是暗物质。在研究宇宙时，科学家发现星系旋转的速度比理论速度要快很多，目前已观测到的物质无法对星系外围的天体提供足够的引力。如果没有其他的引力来源，星系外围的天体应该会被甩飞到宇宙中。为了解释这个现象，科学家推测在星系里还有一部分看不见的物质，这些看不见的物质为天体提供了额外的引力。

　　科学家将这些看不见的物质统称为暗物质，据推测，暗物质占宇宙构成的 27%。但暗物质和常规物质有很大的不同，在 4 个基本力中，暗物质不受电磁力的影响，不会产生以光为载体的电磁辐射，也不会吸收光，因此我们很难用望远镜直接看到它们。

　　对于另外 3 种基本力，暗物质有可能会参与强相互作用或弱相互作用，并产生可以被探测到的常规物质。

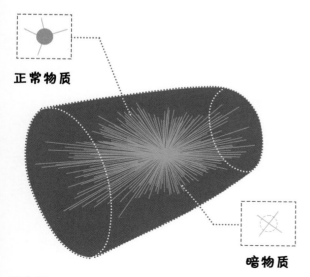

正常物质

暗物质

暗物质

知识晶体　**粒子加速器**

粒子加速器是一种利用电场推动带电粒子并使其获得高能量的大型设备，这些高能带电粒子在粒子加速器中被逐渐加速，然后相互碰撞，由此可以产生自然条件下不存在的其他粒子。这是粒子物理学研究的重要手段之一，科学家凭借粒子加速器已经发现了夸克、希格斯玻色子等。

为了寻找暗物质存在的证据，科学家进行了大量实验，其中一部分科学家通过粒子加速器中的高能粒子碰撞实验，希望能在噪声信号中找到暗物质的身影；另一部分科学家则是对宇宙环境进行探测，希望找到不是正常物质产生的射线，间接判断暗物质的存在。

当然，科学家对暗物质是否存在也有争议。一些科学家认为暗物质可能根本不存在，而是我们目前的引力理论出现了漏洞，这些科学家提出了重力修正理论，试图修改旋转的物质产生的引力。虽然重力修正理论可以解释星系旋转的异常，但它和宇宙中很多其他重要的证据冲突，因此重力修正理论并没有得到广泛的认可。

最后一类失踪的物质被称为暗能量。根据宇宙微波背景辐射，我们所在的宇宙空间是基本平坦的。即使正常的物质、暗物质全部计算在内，理论上也无法满足宇宙在迅速膨胀后空间依然平坦，因此宇宙中还需要一类特殊的物质。根据测算，这类物质占宇宙构成的 68%，科学家将这部分特殊的物质称为暗能量。

另一个需要暗能量的重要原因是宇宙的膨胀。在哈勃定律发现后，科学家精确测定了宇宙膨胀的速度。一般来说，宇宙中物质产生的引力会阻碍宇宙的膨胀，从而使宇宙膨胀的速度逐渐减缓直至走向收缩。但令人意外的是，目前宇宙的膨胀速度并没有减缓，而是仍处于加速膨胀的状态。

为了解释这些现象，宇宙中必然存在暗能量。科学家认为暗能量只受引力影响，并不会使空间收缩，作为一种辐射，它产生的效果更像是一种不断膨胀的气泡。科学家普遍认为暗能量的占比决定了宇宙未来的命运，如果暗能量超出了临界密度，宇宙就处于加速膨胀的状态。

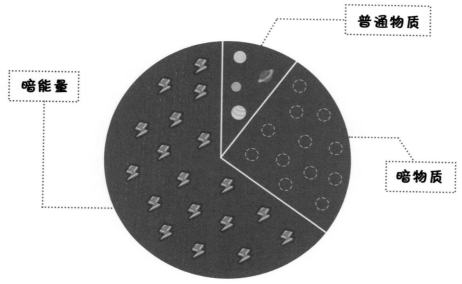

普通物质、暗物质与暗能量

虽然暗能量比普通物质和暗物质多得多，但由于暗能量在宇宙中无处不在，因此对于一个局部空间而言，暗能量的密度是很低的。同时暗能量不会受电磁力、强核力、弱核力等基本力的影响，这使得科学家几乎不可能探测到暗能量，因此科学家对暗能量的研究仅停留在理论层面。

主线任务二 认识宇宙全貌

我们已经了解宇宙是通过大爆炸诞生的，也了解了大爆炸后宇宙的演化和成长。我们能看到的物质、失踪的重子、暗物质和暗能量构成了如今宇宙中全部的物质。

知识晶体

临界密度

1922 年，弗里德曼基于爱因斯坦方程推导出描述空间上均一且各向同性的膨胀宇宙模型的方程，也就是描述我们所在的宇宙的方程。这个方程建立了哈勃常数和密度之间的联系，如果物质密度较大，宇宙就会从膨胀转向收缩，如果辐射密度较大，宇宙就会一直加速膨胀。临界密度则是两者的平衡点。

那么如今的宇宙是什么样子呢？宇宙的全貌又是什么形状呢？第二阶段任务发布：认识宇宙全貌。

线索七　看得见的结构

看得见的物质在宇宙中往往成群出现。在引力的作用下，这些物质聚集成一个个天体，其中质量大的变成了恒星，质量小的变成了行星。而我们在夜空中看到的星星就是这些天体的一部分。

我们曾经以为这些天体散落在宇宙中的各个地方，也曾根据星星的形状将这些天体分为一个个星座。但有了望远镜后，我们发现这些天体的实际位置和星座没有什么关联，也并非均匀分布在宇宙之中。这些天体常常聚集在一起，在引力作用下相互运行，形成了一个个星系。

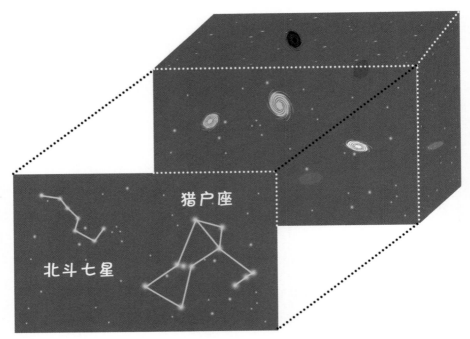

星空与星系

我们曾经以为星系均匀分布在宇宙中的各个地方，但随着望远镜性能的不断提高，以及利用哈勃定律系统性地对星系位置进行校正，我们发现星系也是集群出现的。这种星系集群被称为超星系团，银河系所在的超星系团被命名为室女座超星系团。

超星系团并不是宇宙中最大的结构。有些超星系团距离较近，会形成超星系团复合体。也有一些星系聚集成一条线，这条线绵延超过百亿光年，如同一座由星系组成的长城。超星系团复合体和星系长城彼此相连，如同一颗古树土壤里的根系，又像大脑中复杂连接的神经网络，组成更加庞大的结构。

科学家将超星系团复合体、星系长城等巨大的宇宙结构统称为大尺度纤维状结构。大尺度纤维状结构中蕴含着无数星系，但被纤维围起来的部分中很少有星系存在，科学家将这些星系数量较少的空间称为纤维状结构的空洞。

大尺度纤维状结构是我们已知的最大的宇宙结构，不论是实际观测，还是通过理论进行模拟，都证实了这种宇宙结构是真实存在的。但这只是对于我们看得见的物质而言，宇宙空间本身的情况又怎样呢？

知识晶体　大尺度纤维状结构

在宇宙物理学中，纤维状结构是目前已知的宇宙中的最大结构，包括超星系团复合体、星系长城、星系板等子类型。典型的纤维状结构长度超过5亿光年，1989年，科学家发现了第一个非维里星系团的纤维状结构——北方长城。2013年，科学家又发现了武仙-北冕座长城，这也是目前已知的最大的纤维状结构，其跨度超过100亿光年。

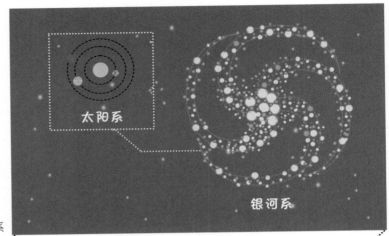

恒星系统与星系

超星系团

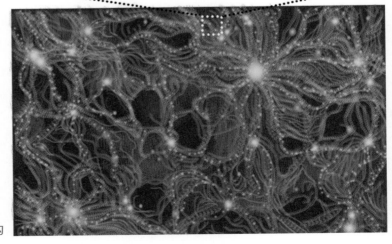

大尺度纤维状结构

线索八 宇宙是个甜甜圈

宇宙的年龄已经接近 138 亿年，如果只考虑光的传播距离，我们能看到的光最远距离我们 138 亿光年。但实际上由于宇宙膨胀和空间弯曲等因素的影响，我们可观测的宇宙直径达到了 930 亿光年，当然这也不是宇宙的大小。爱因斯坦提出宇宙可能是有限无边的，那么宇宙真实的大小和形状是什么样呢？

为了更好地理解这个问题，我们先研究一下地面的形状。古代的人认为地面是一个巨大的平面，在飞到太空之后，我们可以直观地看到地面是一个球面。那么对于始终生活在二维地面的生物而言，在不借助三维空间的情况下，我们如何判断地面的形状呢？

首先我们需要借助高斯曲率这个工具。通常我们说的曲率是外在曲率，如果计算一个二维曲面的外在曲率，需要将这个曲面放在三维空间中，但由于我们无法触及四维空间，因此我们无法得知三维空间的外在曲率。而高斯曲率是一种内在曲率，不需要我们进入更高维的空间，只需要在三维空间中进行测量。

我们可以将高斯曲率简单理解为判断平行线是否相交。二维面上的两条平行线沿着一个方向延伸，如果两条平行线相交，就说明这个面是弯曲的。对于地面而言，纬线在赤道是平行的，但在南极、北极却相交于一个点，因此地面并不是平坦的。这也使人类在

曲率

曲率是描述几何体弯曲程度的量，在不同的几何学领域中，曲率定义不完全相同，总的来说，曲率可以分为外在曲率和内在曲率两类。其中外在曲率是从几何体外或更高空间维度测量其弯曲程度的，即需要将几何体嵌入欧氏空间中。内在曲率是在几何体上测量其弯曲程度的，即在黎曼流形上定义曲率。高斯曲率是高斯发现的一种内在曲率，高斯曲率的值等于两个主曲率的乘积。根据高斯的绝妙定理，高斯曲率只依赖于曲面上的长度测量，与几何体所在的环境空间没有关联。因此高斯曲率在曲面等度变换下保持不变。

进入太空之前就可以得知地面的形状。

不同维度的经线

利用相同的原理，科学家对宇宙微波背景辐射进行了观测，这也是我们能看到的宇宙中最远的距离。而根据观测结果，宇宙总体上是平坦的，即宇宙的高斯曲率几乎为零。

可是，这样的结果并不准确，高斯曲率和外在曲率有着本质的不同，如果我们将平面的两个边折叠形成一个圆柱面，这个圆柱面上的平行线就永远不会相交，如果我们永远生活在圆柱面上，就会认为圆柱面是平坦的。只有跳出圆柱面进入更高维的空间，才会发现圆柱面的外在是弯曲的。

因此，高斯曲率为零只是某个方向的平坦，并不是真正意义上的平坦。宇宙空间可能已经折叠起来，而我们看到的光可能已经绕宇宙转了好几圈。只依靠高斯曲率这个工具，我们很有可能被空间误导。为了进一步判断宇宙的形状，我们还需要拓扑这个工具。

拓扑又被称为橡皮泥几何。对于一块橡皮泥而言，在形状连续从球体变化成扁平的圆盘时，空间属性没有发生本质变化。当我们将这块橡皮泥

人类视角

蚂蚁视角

"平坦的"圆柱面

打包时，打包绳相交的位置依然在橡皮泥的表面。而一旦橡皮泥没有连续变化，而是出现断裂，形成一个洞，它的空间属性就大不一样了。此时打包绳相交的位置不在橡皮泥的表面，因此，我们认为橡皮泥的拓扑发生了改变。

宇宙空间的拓扑可能更为复杂。在物质的影响下，宇宙空间会发生弯曲、变形甚至折叠，而在宇宙膨胀过程中，也有可能出现断裂，形成复杂的拓扑。目前，我们对于宇宙是否有边界、宇宙整体是否平坦、宇宙整体的形状是怎样的等问题依旧没有答案。

知识晶体

拓扑学

拓扑学是研究空间在连续变化中维持不变的性质的学科，欧拉对于著名的柯尼斯堡七桥问题的研究开启了现代拓扑学。在拓扑学中，最基本的拓扑等价是同胚，即一个空间在不改变自身结构的情况下即可变形成另一个空间，那么这两个空间是同胚的。另一种拓扑等价是同伦，即一个空间在连续变化下（无须切开或黏合）即可变形成另一个空间，那么这两个空间是同伦的。

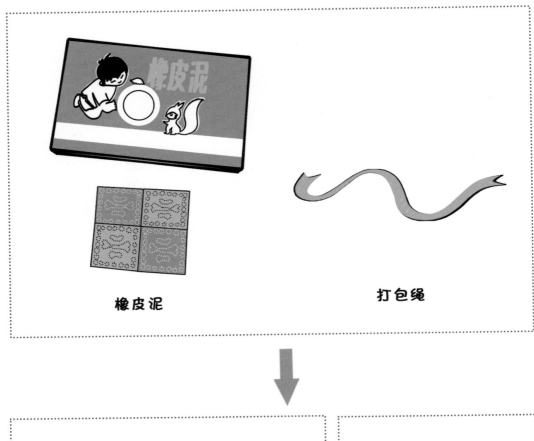

橡皮泥　　　　　　　　　　　　打包绳

打包绳结在表面　　　　　　　　打包绳结不在表面

捏制橡皮泥演示拓扑变化

成就　宇宙编年者

　　曾经的宇宙是虚空中的一粒种子，经过壮丽的大爆炸，逐渐形成了宇宙的规则和各种物质。如今的宇宙无限而有界，大尺度纤维状结构串联起散布在宇宙中的众多星系，这些星系孕育了繁多的恒星和人类文明。宇宙的奇特仍在延续，我们对宇宙的认识也在延续。

　　新的视界已经开启……

第四章

触发黑洞奇遇

星际旅行者你好，恭喜你在宇宙探索途中触发了隐藏的黑洞奇遇。你可以在这片星空中寻找并了解黑洞，沿途收集散落的知识晶体。注意，黑洞会吞噬周围的一切物体，请在探索过程中与黑洞保持合理距离，没人知道视界的那一边会发生什么……

主线任务一 发现藏在宇宙中的黑洞

曾经，黑洞是科幻小说中吞噬一切的物体，也是万有引力最不可思议的产物；如今，黑洞不仅是宇宙中神秘的天体，也是解开物理学终极奥秘的钥匙。在研究黑洞之前，我们要先找到黑洞。第一阶段任务发布：发现藏在宇宙中的黑洞。

线索一 黑洞是宇宙空间的洞

黑洞是什么？它真的存在吗？地球上存在很多洞，比如打地鼠游戏中的洞、邮筒的投递口、牛仔裤上的破洞、隧道口。这些常见的洞是黑色的，它们是黑洞吗？显然地球上的这些洞和黑洞之间毫无关系，这些洞只是物体上的洞，它们只是起到了连接物体内部空间和外部空间的作用。

宇宙中的黑洞是空间本身的洞，那我们如何理解黑洞呢？不妨设想一下二维平面的场景。一张纸片上存在一个空洞，这是很好理解的——当你用力将笔穿透这张纸片时，纸片上就出现了洞。如果有一只蚂蚁在纸片上爬行，当它进入洞里时，就会从纸片上掉下去，它的同伴在这张纸片上再也找不到它。

在上述例子中，人为制造出的空洞可以被认为是纸上的"黑洞"，对于三维空间而言，这个洞只是连接了纸片的上方空间和下方空间。但是对于纸片而言，空洞所在的区域是缺失的，空洞是二维平面本身的洞，纸片上面的物体会掉进空洞，但不会有物体从空洞进入纸片上面的空间。

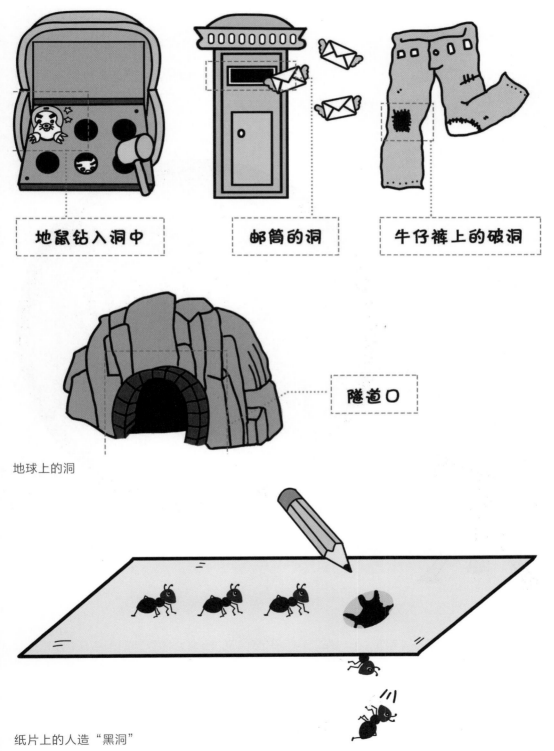

地鼠钻入洞中

邮筒的洞

牛仔裤上的破洞

隧道口

地球上的洞

纸片上的人造"黑洞"

那么对于宇宙来说，也存在这样的洞吗？对于我们这种三维的生命而言，虽然我们很容易理解二维平面的空洞，但难以想象三维空间的黑洞。如果飞船驶入黑洞，飞船是否也会像纸片上的蚂蚁那样掉到空间的外面呢？我们能否找到进入黑洞的飞船呢？

宇宙中的洞

早在牛顿时期，就有人提出了黑洞的概念。在爱因斯坦提出相对论后，很多年轻科学家对黑洞的研究热情不断增加。同时，也有很多权威的科学家认为黑洞有可能只是一类更为特殊的恒星，根本不是宇宙的洞。虽然这一说法理论上可行，但只有利用望远镜观测到这类天体，才能证明黑洞是真实存在的。

线索二 借助万有引力寻找黑洞

通过观测来寻找黑洞无疑是十分困难的。在宇宙深处存在着不计其数的恒星，即使银河系中也大约有 2000 亿颗恒星，恒星看似在远处恒定不动，实际上它们的位置在不断变化。在这浩渺星海中寻找黑洞，如同在撒哈拉沙漠中寻找一粒黑色的沙子。

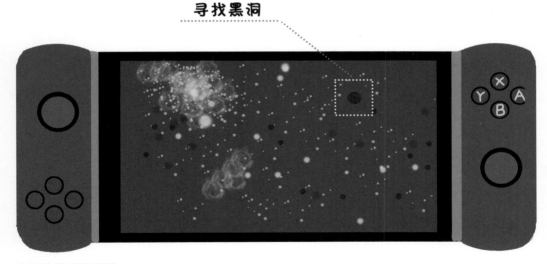

难以被发现的黑洞

除了数量上的难度，黑洞本身也难以被观测到。黑洞如同它的名字一样是黑色的，它不仅自身不发光，连路过的光线也逃不出它的掌心。在宇宙黑暗的背景中，黑洞仿佛穿着一件隐身衣，这让寻找黑洞变得更

万有引力

牛顿根据天体的运行规律提出了万有引力定律：物体之间存在相互吸引的作用力，一切有质量的物体都会对其他具有质量的物体产生引力作用，引力大小与物体之间质量的乘积成正比，与物体之间距离的平方成反比。

加困难。

我们直接观测黑洞困难重重，但可以通过一些间接的方式来寻找黑洞。万有引力定律是当时最有力的工具之一。太阳系中的行星在万有引力作用下绕着太阳公转，后来科学家发现天王星轨道存在异常，于是利用万有引力定律找到了海王星。同理，如果科学家发现宇宙中恒星的运动轨迹存在异常，那么恒星附近很可能存在某种大质量的天体。根据万有引力定律的计算，科学家很有可能找到隐藏在黑暗之中的黑洞。

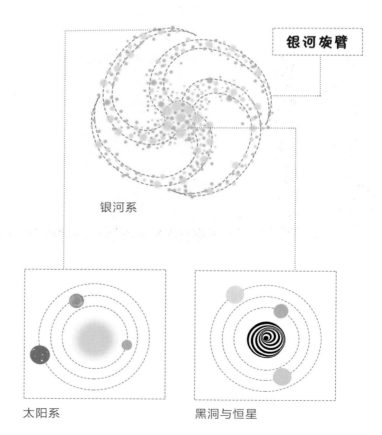

银河旋臂

银河系

太阳系

黑洞与恒星

利用万有引力定律寻找黑洞并不简单。在星系中心，一些恒星的运动轨迹存在异常，由于这里的恒星非常多，容易受到大量其他恒星的影响，所以难以断定运动轨迹异常的恒星周围一定存在黑洞。而对于星系边缘的黑洞而言，由于这里的恒星较少，大部分黑洞周围空空如也，所以没有围绕黑洞旋转的恒星。同时，利用万有引力定律寻找黑洞也无法观测黑洞的大小和形状。

恒星围绕的黑洞　　　　没有恒星的黑洞

不同的黑洞

虽然万有引力定律这个工具不是十分好用，但经过科学家长时间的观测和计算，还是发现一些恒星周围可能存在黑洞。随着当今计算机技术的发展，科学家可以大范围地快速判断宇宙中那些运动轨迹异常的恒星，因此利用万有引力定律寻找黑洞仍是初步筛选黑洞的最有效的手段之一。

线索三　相对论提供的新工具

　　利用万有引力定律只能间接寻找黑洞，为了进一步证明黑洞的存在，也为了更直接地对黑洞的性质进行探测，科学家需要新的工具。爱因斯坦的相对论恰好是这样的工具。为了更好地理解相对论，我们要先理解万有引力定律在寻找黑洞时存在局限性的原因。

　　18世纪，牛顿受到苹果掉落的启发提出了引力的概念：有质量的物体之间存在相互吸引的力，质量越大的物体对其他物体的引力越大。牛顿认为引力不仅存在于苹果和地球之间，还广泛存在于宇宙万物之间，行星正是受到太阳的引力作用才围绕太阳旋转。

　　万有引力定律是对当时观测到的现象的总结，因此它符合天体运行的

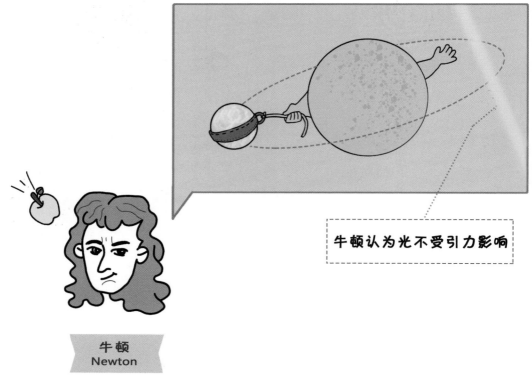

牛顿认为光不受引力影响

牛顿
Newton

牛顿的万有引力定律

规律。但严格来讲，万有引力是结果，却不是原因。由于对引力产生机制缺少认识，牛顿认为只有具有质量的物体才会受到引力的作用，因此在万有引力的模型中，没有质量的光线并不会受到天体引力的影响，也就不可能存在能抓住光的黑洞。

鱼一直生活在水中，可以感受到水的流动，但鱼能认识到水的存在吗？同样，人类生活在充满引力的空间中，可以观测到天体在引力影响下运动，但人类可以认识到引力的存在吗？万有引力定律的局限性正是在于没有解释引力本身。

而在相对论中，引力来源于空间的弯曲，物体的质量决定了它们对空间的弯曲程度，而弯曲的空间又影响着物体的运动。空间就像一张蹦床，在蹦床上放一个大铁球，蹦床会被铁球压弯，如果这周围有其他小球，小球会落到大球上。

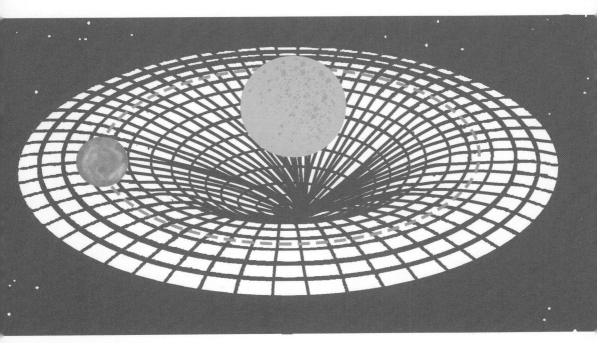

恒星周围弯曲的空间

对于宇宙中的天体而言，太阳巨大的质量使附近的空间弯曲，地球在空间中仍向前运动，但由于空间是弯曲的，因此地球的运动轨迹也是弯曲的。我们无法体会到弯曲的空间，只能观测到地球绕太阳旋转。

在空间中传播的光线自然也会受到空间弯曲的影响。当光线从大质量的天体附近穿过时，光线也会发生弯曲和偏转。对于远处的观测者而言，光线就像漂移过弯一样改变了原来的方向。起初人们惊讶爱因斯坦的奇思妙想，在观测到太阳附近的光线弯曲后，人们又惊叹爱因斯坦的天才理论。

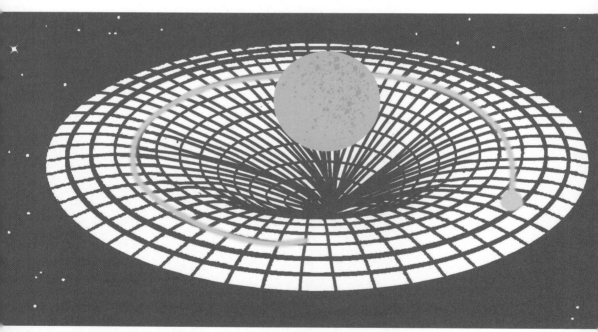

光线在弯曲空间中的传播

广义相对论中的光线弯曲也为寻找黑洞提供了新的工具，对于藏在黑洞身后的恒星而言，虽然直接照向我们的光线被黑洞抓走了，但照向其他方向的光线却在黑洞周围弯曲空间的影响下转向了我们。这让我们仍可以看到恒星，只不过此时的恒星仿佛具有分身术，在更极端的情况下，恒星的形状甚至会变成一个发光的圆环。

这种现象被称为引力透镜效应，虽然黑洞不发光，但同样会造成空间弯曲。当我们看不到引起引力透镜效应的天体时，那里就隐藏着黑洞。

知识晶体

引力透镜效应

原本射向其他方向的光线在大质量天体附近穿过时，会在天体周围弯曲空间的影响下向天体中心偏转，这与光线经过凸透镜时的折射效果类似，因此我们称之为引力透镜效应。在引力透镜效应的影响下，观测者可以看到光源的多个像。在特殊情况下，光源的像会形成环状，被称为爱因斯坦环。

主线任务二　解密黑洞结构

恭喜你借助万有引力定律、引力透镜效应等知识找到了黑洞，现在我们可以更细致地研究黑洞的样貌了。第二阶段任务发布：解密黑洞结构。

线索五　万有引力与黑洞的形成

虽然爱因斯坦提出了相对论，但是否定了牛顿的绝对时空观，并突破了万有引力定律的局限性。这并不意味着万有引力定律是错误的，在低速运动、物体质量不太大的情况下，万有引力定律依然是描述宇宙的最简单的工具之一。因此，我们还是可以利用万有引力定律理解黑洞的形成的。

那么，黑洞是直接形成的，还是一步步演化形成的呢？我们可以联想一下太阳的形成。我们知道太阳诞生于一片星云之中，星云中的氢原子在万有引力的作用下彼此靠近，最终形成了太阳。

但形成恒星并不是这种演化的终点，正如之前我们提到的，恒星的质量决定了它们的结局。对于超大质量的恒星，它的隐藏结局便是成为黑洞。

对于超大质量恒星而言，恒星内的核聚变直到形成铁核才会停止。在这期间，恒星已经通过多次核聚变向宇宙中抛出了大量的物质，但由于本身的质量过大，在核聚变停止时恒星的质量依然很大。

在万有引力的作用下，核心进一步收缩达到电子简并状态，电子简并压成为抵抗万有引力的第一道防线，然而电子简并压是有限的。当引力超过电子简并压时，电子会被强大的引力压进原子核中，并与质子结合形成中子。

与电子简并压类似，中子也存在简并压，这是抵抗万有引力的第二道防线，中子简并压比电子简并压大很多，此时中子简并压阻止了恒星在引力下的进一步收缩。但中子简并压也是有限的，对于大质量的恒星而言，它自身的引力已经突破了中子简并压的限制。

而在中子简并压后，已经没有其他力量可以阻挡引力了。恒星将在引力的作用下持续收缩，最终所有的质量收缩到中心的一个点，形成黑洞。

知识晶体

中子简并压

科学家计算出物体脱离地球进入太阳系需要达到 10.8 千米／秒的速度，这个速度被称为第二宇宙速度。物体脱离太阳系进入银河系需要达到 16.7 千米／秒的速度，这个速度被称为第三宇宙速度。牛顿根据天体的运行规律提出了万有引力定律：物体之间存在相互吸引的作用力，一切有质量的物体都会对其他具有质量的物体产生引力作用，引力大小与物体之间质量的乘积成正比，与物体之间距离的平方成反比。

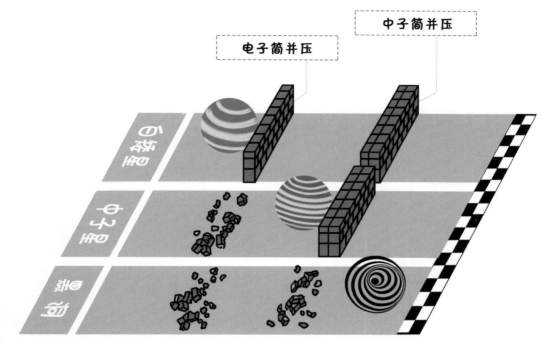

不可阻挡的黑洞形成

对于小质量的恒星来说，当它们形成白矮星或中子星之后，也有可能进一步演化成黑洞。在双星系统中，恒星的引力可以令自身从另一颗恒星外层原子不断获取质量，这个过程被称为吸积过程。当质量达到一定程度时，恒星就可以演化成黑洞。

线索六　逃不出的黑洞视界

黑洞的核心被称为奇点，这个点汇集了黑洞所有的质量，但它的体积却无限小。根据爱因斯坦的广义相对论，庞大的质量使奇点附近的空间产生强烈的弯曲，并由此产生奇异的时空结构。

包围着黑洞奇点的区域被称为事件视界。早在黑洞被科学家广泛接受

史瓦西度规与史瓦西半径

1916 年，史瓦西利用广义相对论计算出不旋转、不带电的球形黑洞产生的引力场，物体在观测者所处的四维时空中的运动可以用史瓦西度规表示：

$$ds^2 = c^2\left(1-\frac{2GM}{c^2r}\right)dt^2 - \left(1-\frac{2GM}{c^2r}\right)^{-1}dr^2 - r^2d\Omega^2$$

当光和天体中心之间的距离达到 $r=2GM/c^2$ 时，光需要无限长的时间才能向外移动。当小于这个临界距离时，不论经过多长时间，光和天体之间的距离总是在减小。这个临界距离被称为史瓦西半径，与黑洞的质量成正比。

之前，史瓦西就提出当一个天体收缩到足够小时，天体的引力就足以使发出的光无法逃离它的表面。静止不旋转的黑洞被称为史瓦西黑洞，它的事件视界是球形的，球的半径被称为史瓦西半径。

在外界看来，事件视界内是一片绝对的黑暗，就连宇宙中速度最快的光也无法逃离视界。但是光一直是飞速向前的，怎么可能飞不出一个有限的区域呢？在没有弯曲的空间中，这确实是不可能的，但弯曲的空间可以永远困住光。

如果我们降低维度，这个现象便不难理解。当运动员参加百米赛跑时，跑道是直的，有些运动员只需 10

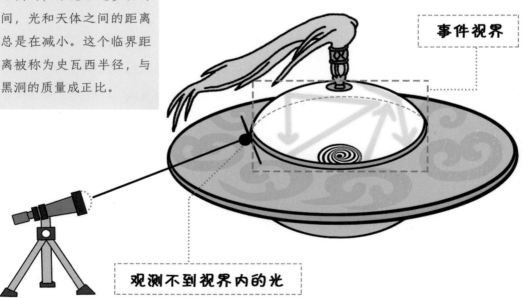

事件视界

观测不到视界内的光

光无法逃出事件视界

秒就可以从起点跑到终点。但在运动员参加万米赛跑时，跑道被弯曲成头尾相接的圆形，即使运动员跑得再快，也会不断地回到出发点。跑道可以被看作一维空间，对于宇宙的三维空间而言也是一样的。

直线跑道和圆形跑道

光锥

光锥可以被看作光在四维时空中的演化轨迹。向上的部分被称为未来光锥，向下的部分被称为历史光锥。对于运动速度不同的观测者而言，时间和空间的尺度发生了变换，但光锥的形状大小仍保持不变。这体现了狭义相对论的光速不变原理。在广义相对论中，时空会在质量的影响下弯曲。此时光锥可能产生倾斜或者变形。此外，光锥还可以表示一个事件能够影响的时空范围。

如果想在三维空间中真正理解这个现象，需要先了解光锥的概念。光可以向任何方向传播，但在空间中能到达多远的位置受时间的影响。如果同时考虑空间和时间，光所有可能的传播轨迹组成了上下两个圆锥，这两个圆锥分别代表这束光的未来和过去。不论经过多长的时间，光的位置总在圆锥上，而不会跑到圆锥的外面。

当光越来越靠近事件视界时，光锥在弯曲空间的影响下逐渐向黑洞倾斜，未来光锥中越来越多的部分开始落入视界，此时光已经越来越不可能逃离事件视界的范围。而在光穿过事件视界之后，未来光锥已经完全进入事件视界的范围，这代表着这束光所有的未来已经落入黑洞。

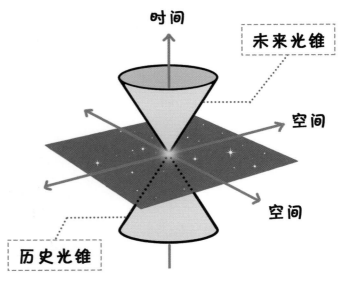

光锥

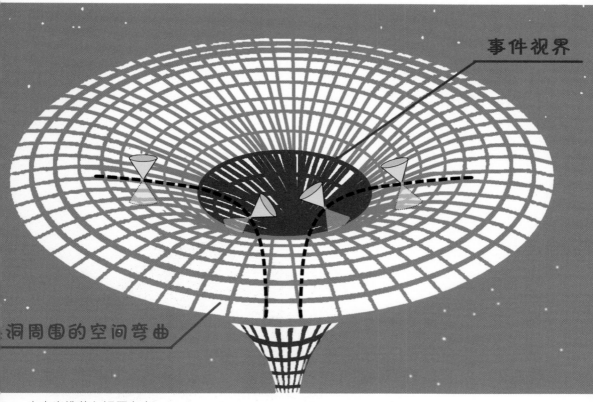

事件视界

洞周围的空间弯曲

未来光锥落入视界之内

对于光而言，它始终在自由地运动。事件视界并不像一张网一样拦住了光，也不像山坡那样令光难以攀爬。只是由于时间和空间的弯曲，使得所有的前方不再是远方。

线索七　克尔黑洞的华丽外衣

宇宙中的黑洞都不是静止的，黑洞在形成时会保留原先恒星的旋转状态。根据角动量守恒定律，由于奇点体积无限小，黑洞是以无限快的速度旋转着的。高速旋转的黑洞被称为克尔黑洞，宇宙中大部分黑洞都属于克尔黑洞。

根据广义相对论，克尔黑洞的组成十分复杂，如同一件件华丽的外衣。每件外衣都有自己独特的时空结构，也有很多奇特的效应，但相对论限制了科学家只能观测到事件视界之外的效应。

黑洞在高速旋转时，其质量不再集中于中间的奇点，而会形成一个奇

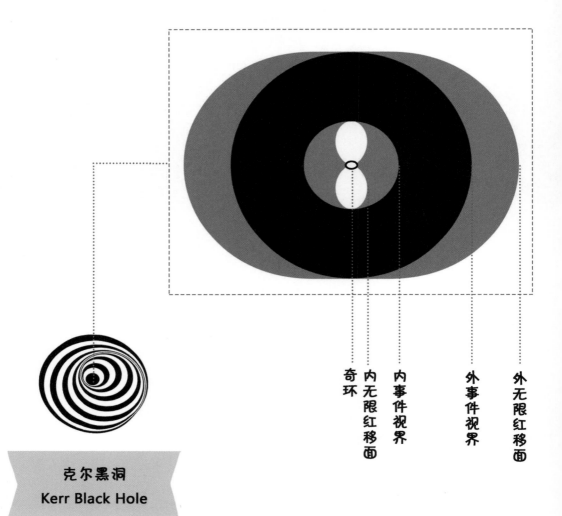

奇环

内无限红移面

内事件视界

外事件视界

外无限红移面

克尔黑洞
Kerr Black Hole

克尔黑洞的时空结构

环。此时的黑洞存在内事件视界和外事件视界。外事件视界与史瓦西黑洞的事件视界一样，是黑洞引力使光无法逃离的边界；而内事件视界则是广义相对论中一个奇异的边界。黑洞旋转得越快，内事件视界和外事件视界的间距就越小。

黑洞的旋转会带动周围空间的旋转。对于不旋转的史瓦西黑洞，光只会受到弯曲空间的影响向黑洞中心偏转，而径直向黑洞中心传播的光则不会偏转。对于旋转的克尔黑洞，靠近视界的光都会受到旋转空间的影响，即使是径直向黑洞中心传播的光也会跟着旋转。因此，在克尔黑洞中不存在径直传播的光。

这种旋转效应在赤道附近最强，在两极附近最弱，由此形成了一个椭球形状的区域，这个区域被称为克尔黑洞的能层。在这个区域中，光无法径直向外传播，因此增大了光逃离黑洞的难度。

知识晶体 克尔度规

1963 年，克尔利用广义相对论计算出旋转的球形黑洞的引力场，其结果用克尔度规表示。在旋转空间中，时间和角度相互融合，导致克尔度规的径向分量和时间分量不一致。径向分量中的奇异性对应内事件视界和外事件视界，时间分量等于零的位置对应内无限红移面和外无限红移面。对远处的观测者而言，时间分量越小，物体移动相同距离需要的时间就越长，当时间分量为零时，物体仿佛静止不动。

史瓦西黑洞
Schwarzschild Black Hole

克尔黑洞
Kerr Black Hole

静止黑洞和旋转黑洞对光的影响

　　能层的外边界被称为无限红移面，在观测者看来，光在接近无限红移面的过程中速度越来越慢，光的波长越来越长。无限红移面上的时间是停止的，光仿佛静止在无限红移面上，光的波长趋向无限长，也就是发生了无限的红移。

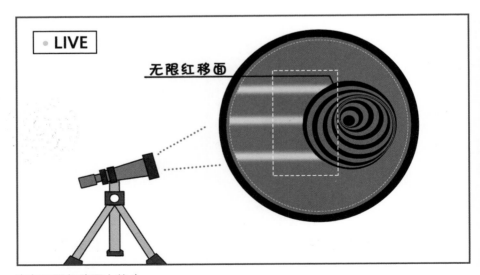

光在无限红移面上静止

虽然在远处的观测者看来光仿佛静止，但对于光自身而言，它体会不到时间和空间的变化，仍以光速穿过无限红移面。一旦进入无限红移面，光按照正常的方式传播，就一定会落入黑洞。只要光尚未进入事件视界，就存在逃到宇宙中的可能性。

根据广义相对论，能层中的时间不再是我们平时感受到的流逝的时间，而是具有空间属性的时间。能层中允许存在负能量。一束光可以通过发出一些具有负能量的光子，令自己获得更大的能量，从而冲出无限红移面，而被抛弃的负能量光子一定会落入黑洞，这个过程被称为彭罗斯过程。

克尔黑洞的时空结构（局部）

光通过彭罗斯过程逃出黑洞

彭罗斯

彭罗斯，2020 年诺贝尔物理学奖得主，获奖理由为"发现黑洞的形成是广义相对论的必然预言"，然而彭罗斯对于黑洞研究的影响远不止这么简单。在彭罗斯之前，科学家只能通过求解广义相对论的引力场方程研究黑洞，这些模型都基于球形天体，因此不具有普遍性。彭罗斯基于拓扑学提出了奇点定理，只要时空满足一定的条件，并且物质的能量是正的，就可以普遍地形成黑洞。彭罗斯在黑洞研究中引入了大量的数学概念，极大地完善了研究广义相对论的数学工具。为了避免奇点对因果关系的破坏，彭罗斯提出了宇宙监督假设，认为奇点必须隐藏在事件视界之中。

在这个过程中，黑洞获得了被抛弃的光子的质量，而光从黑洞的旋转中获得了能量，因此黑洞旋转的速度越来越慢。但彭罗斯过程难以观测，至今仍未得到证实。

线索八　吸积盘与宇宙喷流

大质量天体会对周围的时空产生强大引力，并捕获附近经过的其他恒星。经过黑洞附近的恒星在引力影响

黑洞吸积恒星

下逐渐向黑洞靠近，当靠近到一定距离时，黑洞对恒星的潮汐力会超过恒星维持自身稳定的引力，此时恒星会发生解体。恒星解体时的距离被称为洛希极限。

　　恒星解体后的气态物质会在黑洞的引力下逐渐拉成一个长条。在向黑洞继续靠近的过程中，恒星解体后的气态物质从引力场中获得能量并不断加速。同时受到黑洞周围旋转空间的影响，气态物质还会围绕黑洞中心旋转。在靠近黑洞视界的区域时，时间流逝减缓，旋转效应增强。这个区域的气态物质会形成一个圆盘，这个圆盘就是黑洞的吸积盘。

洛希极限

天体在自身引力的作用下看似稳定，却也受到附近天体引力的影响。地球上的潮汐是水主要受到月球引力而产生的。当两个天体之间的距离足够近时，大质量天体对小质量天体表面物质的引力就会超过小质量天体对自身表面物质的引力，此时小质量天体就会解体。洛希极限就是小质量天体开始解体时两个天体之间的距离。

一方面在吸积盘处的气态物质获得了黑洞引力场中的能量；另一方面气态物质内部摩擦产生了大量的热量，因此气态物质的温度不断升高，开始发出耀眼的光芒。吸积盘的亮度甚至超过了大部分宇宙中恒星的亮度，明亮的吸积盘仿佛黑洞的金腰带。同时黑洞周围剧烈弯曲的空间产生了强大的引力透镜效应，甚至观测者可以看到黑洞背面的吸积盘。

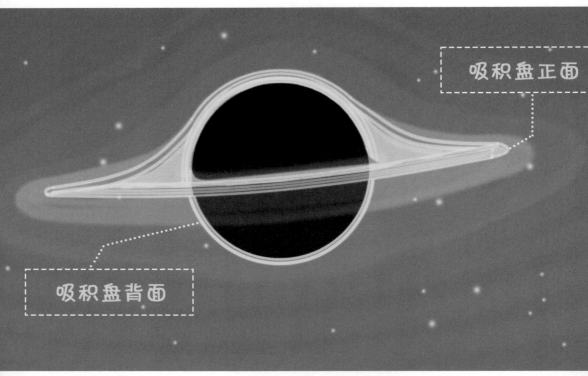

吸积盘正面

吸积盘背面

史瓦西黑洞的吸积盘

带电黑洞在高速旋转时产生的磁场会影响吸积盘中的气态物质。在极高的温度下，部分吸积盘中的气态物质会处于电离状态，带电的物质受黑洞磁场的影响从吸积盘向黑洞的两极运动。由于黑洞两极的旋转效应较弱，所以两极附近尚未进入视界的带电物质可以逃离黑洞，从而形成相对论喷流。

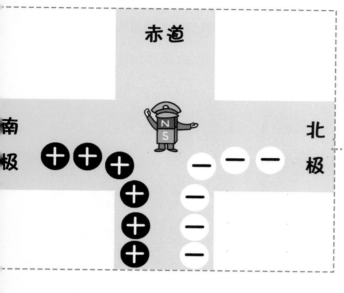

带电物质向两极运动

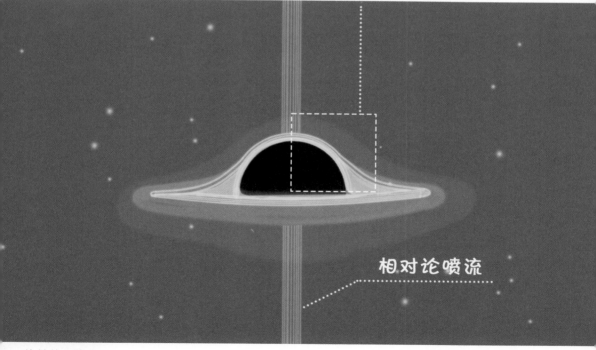

相对论喷流

旋转的吸积盘

　　相对论喷流是一束高速运动的等离子体，这些等离子体在围绕黑洞旋转时获得了非常快的速度，在通过喷流后，其旋转的速度转化为逃离黑洞的速度。因此，相对论喷流的速度甚至可以接近光速。

突破任务　解读黑洞的信息

　　了解黑洞的形成及结构后，我们向黑洞更深层的奥秘进发。虽然连光也逃不出黑洞，但越来越深入的研究发现，黑洞依然会通过一些奇特的物理效应为我们提供宝贵信息。突破任务发布：解读黑洞的信息。

线索九　无毛定理与黑洞热力学

　　在解密黑洞的结构时，我们提到了不旋转的黑洞、旋转的黑洞和带电黑洞。除了这些简单的黑洞，黑洞是否会像地球表面一样崎岖不平呢？是否会像太阳表面一样"波涛"汹涌呢？

　　在讨论这个问题时，科学家认为黑洞只会保留质量、角动量和电荷3种属性，质量让空间弯曲，角动量让空间旋转，电荷让空间存在电磁场。这3个物理量都是以场的形式影响周围空间的。而形状信息需要以光辐射的方式传递，温度信息需要以热辐射的方式传递，这些辐射都无法越过黑洞的视界，因此也不会被外界观测到。

　　科学家将形状、温度等信息比喻成毛发，认为黑洞是无毛的，这就是黑洞无毛理论。如果两个黑洞的质量、角动量、电荷相同，那么，在外界看来这两个黑洞就是完全一样的。

太阳

黑洞

无毛理论

但无毛理论引发了新的问题。在热力学中，每个物体都有自己的熵，并且在任何过程中，宇宙中总的熵都不可能减小。由于黑洞不具有温度信息，所以我们无法计算黑洞的熵。当一个物体落入黑洞后，这个物体的熵也随之消失，这与热力学第二定律产生了矛盾。

为了解决这个问题，科学家必须为黑洞引入熵的概念。在相对论的理论中，黑洞的电荷会和落入黑洞物体的电荷中和，黑洞的角动量也会因彭罗斯过程而减小，对黑洞而言，唯一不会减少的只有黑洞的质量。

通过理论推导，科学家发现黑洞视界满足的公式与

知识晶体

热力学与熵

热力学是从宏观角度研究物体性质的物理学分支，它关注物体与外界的能量转化，以及物体宏观状态在外界影响下的变化。因此热力学定律在宇宙中具有高度普适性。热力学总共有4个定律：（0）热平衡的物体温度相等；（1）在任何过程中，能量守恒；（2）在任何过程中，孤立体系的熵只会增加；（3）温度不

可能达到热力学零度。熵代表了物体的混乱程度，物体越混乱无序，物体的熵就越大。热力学第二定律指出，宇宙中总的熵不会减小。其本质是为物理过程增加了时间箭头，宇宙整体的时间不会倒流。

黑洞视界的公式

黑洞视界与黑洞的质量和旋转速度有关，视界的表面积 A、视界的表面引力 κ 与黑洞质量 M、黑洞旋转速度 Ω 具体满足的关系，与热力学第二定律中各个物理量满足的关系具有一致的形式：

$$dM = \frac{\kappa}{2\pi}d\frac{A}{4G} + \Omega dJ$$

$$v.s.$$

$$dU = TdS + PdV$$

热力学公式具有完全一致的形式。在这个公式中，黑洞视界的表面引力对应热力学的温度，黑洞视界的表面积对应热力学的熵。科学家由此提出了黑洞热力学定律。

首先，对一个稳定的黑洞而言，黑洞对视界表面每个地方的引力都相等。克尔黑洞视界的大小与黑洞的质量和旋转速度有关，但不论克尔黑洞旋转速度有多快，黑洞的视界始终是一个标准的球形，旋转速度只会改变这个球的半径，不会让球的表面出现起伏，这意味着不存在长满刺的黑洞。

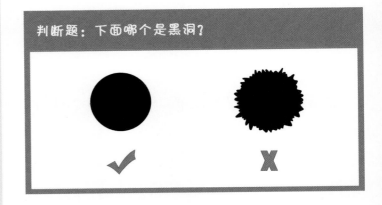

其次，在任何过程中，黑洞视界的表面积不会减少。霍金在 1972 年提出，两个黑洞合并后，新形成的黑洞的表面积不会小于原先两个黑洞表面积的和。这与黑洞热力学定律是相互吻合的，同时新形成的黑洞的旋转速度也不会超过原先两个黑洞的最大转速。

体积大旋转慢的黑洞

体积小旋转快的黑洞

体积更大、旋转更慢的黑洞

　　最后，黑洞视界的表面引力不可能达到零。克尔黑洞的旋转速度越快，内外视界的间距就越小，当黑洞旋转得足够快时，内外视界的间距会变成零，此时的克尔黑洞就会变成一个不存在视界的黑洞，这意味着物体可以自由进出这个黑洞，但这显然和黑洞的空间结构是矛盾的。

　　为了使黑洞内外视界不重合，我们必须对黑洞的旋转速度加以限制。

在黑洞热力学定律被提出之前，彭罗斯提出了宇宙监督假设，认为宇宙中存在某种规律监督着黑洞的旋转。而黑洞热力学的第三定律将黑洞视界的表面引力和半径结合起来，恰好印证了内外视界间距不可能达到零。

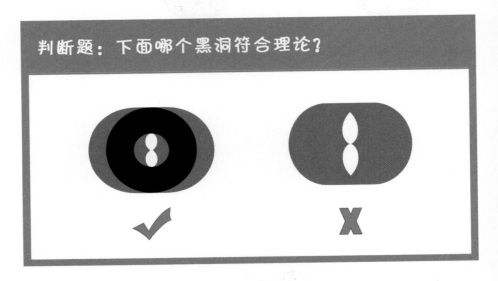

线索十　当黑洞遇上量子力学

广义相对论研究的对象是黑洞核心对周围时空的影响，而黑洞热力学研究的对象是黑洞视界的面积和引力。借助经典热力学的理论体系，科学家可以更加系统全面地研究黑洞的性质，但黑洞热力学的意义远不止于此。

在经典热力学中，有熵的物体就会存在辐射，普朗克辐射的发现直接推动了量子力学的建立与发展。如果黑洞热力学与经典热力学可以类比，那么黑洞会存在某种含有量子效应的辐射。由于视界之内的辐射无法越过视界，这样的辐射必然会产生在视界附近。霍金将量子理论引入黑洞，并发现在黑洞视界附近存在霍金辐射。

在理解霍金辐射前，我们需要先理解量子世界中的真空涨落。在量子力学中，我们面对的是一个不确定的世界。当我们不进行观测的时候，我们无法得知物体的具体状态。在薛定谔的猫的例子中，我们只能通过计算得到猫生存的概率，只有在打开箱子的瞬间，我们才可以真正确认猫是否存活。

而在我们对微观世界进行观测的时候，我们无法同时准确测量出物体的速度和位置，科学家将这种量子效应称为测不准原理。相同的测不准原理还出现在角动量和角度之间、能量和时间之间。对于宇宙的真空而言，

普朗克辐射

一切具有温度的物体都会向外界发出辐射，在很长一段时间内，科学家无法用一个统一的模型定量描述物体发出的辐射。普朗克基于能量量子化的假设提出了普朗克辐射模型，建立了不同温度下物体辐射与辐射频率的关系。普朗克的量子论开创了物理学的一个重要分支——量子力学。

确认是死猫还是活猫
需打开箱子观察

薛定谔的猫

我们只能确定在一段时间内真空的能量为零，而针对某一具体时刻，真空仍然可以存在能量。

根据测不准原理，真空的引力场中可以短暂出现成对的虚粒子，虚粒子借助引力场的能量产生，又在我们尚未观测到它们时湮灭消失，将能量归还给引力场，这种现象被称为真空涨落。在正常的宇宙空间中，真空涨落并不会带来任何影响，但在黑洞视界附近出现的真空涨落有所不同。

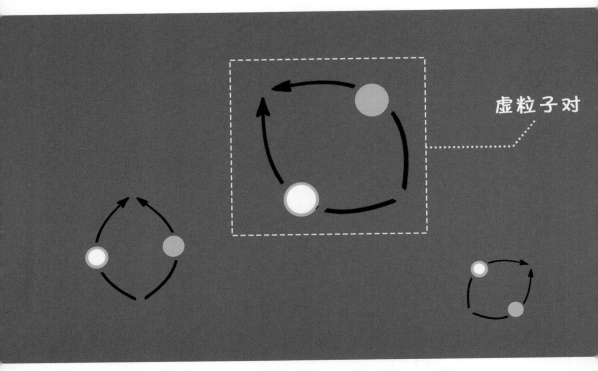

虚粒子对

真空中的量子涨落

在霍金辐射的过程中，成对的虚粒子分别出现在视界的两侧。在视界之中的虚粒子受黑洞影响无法回到视界之外，而在视界之外的虚粒子因为失去了与之对应的虚粒子，所以无法将能量归还到真空中。此时，视界之外的虚粒子就会变成一个可以被观测到的实粒子，并以辐射的形式向外传播。

当视界之外的虚粒子变成实粒子后，视界之内的虚粒子也会对应变成实粒子，这一对粒子因此需要满足质量守恒定律。外面的粒子拥有正的质量，落入黑洞的粒子则拥有负的质量。因此在霍金辐射的过程中，黑洞的质量会减小。

霍金辐射是黑洞视界表面发出的辐射，因此黑洞视界拥有了真正意义上的温度和熵。虽然这个温度和熵的定义来自量子理论，但它们和黑洞热力学中定义的温度和熵非常一致。至今科学家仍未观测到霍金辐射，但很少有人怀疑其正确性。

虚粒子

根据量子力学的测不准原理，我们无法观测到每个物理过程中真正发生的事情，因此量子力学只关注物理模型是否与可观测的结果相符。对于不可观测的过程，量子力学引入虚粒子来代表真实粒子间的相互作用力。虚粒子是符合测不准原理的虚构粒子，有力的空间中就会有虚粒子。它的质量和能量可以是任意的，但它从产生到消失的时间不能超过不可观测的时间范围。

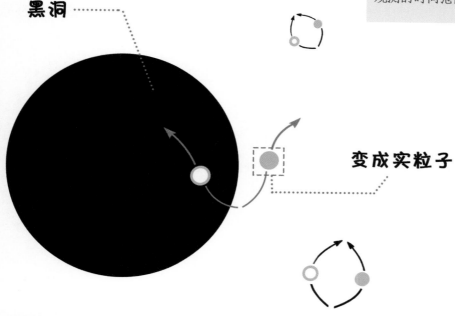

霍金辐射

引力波

引力波是宇宙中极其剧烈的天文过程造成的时空波动。大质量天体在加速运动时会造成时空波动，由于广义相对论限制引力的传播速度为光速，这种时空波动向外传播需要一定的时间，从而产生引力波现象。引力波也可以严格地从广义相对论方程中推导得出。

线索十一 引力波与时空涟漪

　　除了万有引力定律和引力透镜效应，彭罗斯过程和霍金辐射还可以帮助我们寻找黑洞，并获得更多关于黑洞的信息。但这两个效应过于微弱，至今仍未被科学家捕捉到。而另一个微弱的效应却被聪明的科学家成功捕捉到，并成为当今最热门、最有力的宇宙探测工具之一，它就是来自爱因斯坦相对论的引力波。

　　宇宙中最快的速度是光速，即使是引力，也不能瞬间影响远处的物体，在相对论中，引力的本质是空间弯曲。当天体质量发生改变或天体运动时，天体造成的空间弯曲会发生变化。整个空间的弯曲不会瞬间全部改变，而以天体为中心、以光速向周围空间逐渐改变。

　　太阳到地球的距离约为 1.5 亿千米，太阳发出的光要经过 8 分 20 秒左右才能到达地球。即使太阳突然消失，空间弯曲的变化也需要经过 8 分 20 秒左右才能到达地球。

　　在宇宙中，天体时刻都在运动着。当天体匀速直线运动时，空间弯曲的变化是均匀的，远处物体感受到的引力会不断变大或变小。而当天体周期性运动时，空间弯曲的变化也是周期性的，远处物体感受到的引力会产生时大时小的波动。这种周期性的空间弯曲的变化就是引力波。

　　一般情况下，天体的运动不会产生周期性的引力波，或者产生的引力波小到无法被探测到。要产生可以被探

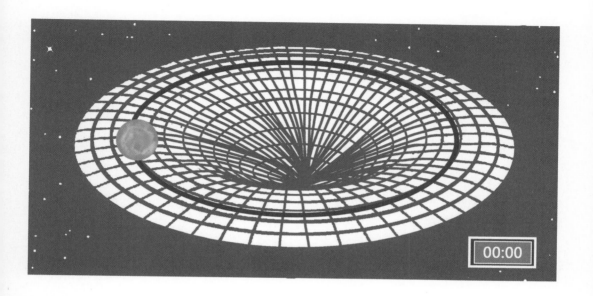

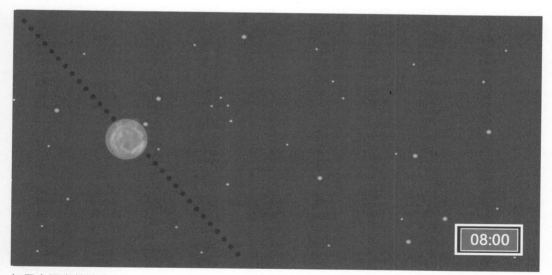

如果太阳突然消失

引力波源

按引力波的来源可以将引力波分为两类。一类是天体系统产生的引力波，互相绕转的双星系统是常见的连续引力波源，例如双黑洞、中子星－黑洞、双中子星。质量分布快速变化的过程是常见的爆发式引力波源，例如黑洞合并、超新星爆发。另一类是宇宙学尺度产生的引力波，例如早期宇宙在暴胀时期形成的原初引力波。

测到的引力波，需要满足两个条件：第一个条件是天体产生的引力必须足够强，第二个条件是天体周围的引力变化必须足够快。而双黑洞系统恰好可以满足这两个条件，当两个黑洞距离很近、互相围绕对方旋转时，黑洞附近的空间会产生周期性的强烈弯曲，从而产生很强的引力波。

引力波的本质是空间的周期性弯曲，只要测量出空间弯曲的变化，就可以探测到引力波的存在。但这种空间变化过于微弱，探测到最强烈的空间变化比探测海王星上的一根头发丝困难上千倍。因此直到相对论被提出将近 100 年后，科学家才成功探测到引力波。

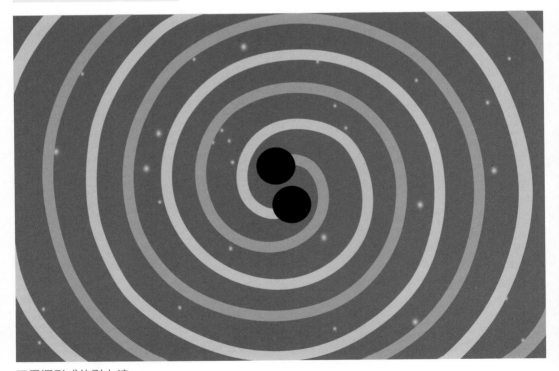

双黑洞形成的引力波

测量距离比较精确的办法是激光测距，通过两束激光叠加条纹的变化可以计算出距离的变化。为了探测微弱的引力波，科学家建造了长达 4000 米的激光干涉测量仪。同时为了防止单个测量仪产生的误差，并实现对引力波源的定位，全球总共建造了 5 台这样的测量仪，这些测量仪是目前世界上最为精确的仪器。

当引力波到达激光干涉测量仪后，会引起测量仪所在的空间变形，这种变形类似于拉面条，会使其中一个干涉臂的长度增加，另一个干涉臂的长度缩短，从而使两束光产生相位差。通过分析探测器接收到的信号，可以计算出空间弯曲的程度，并判断出引力波的大小。

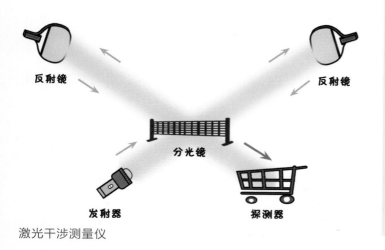

激光干涉测量仪

引力波蕴含了大量黑洞周围的时空信息，但两个黑洞相互旋转后很快就会合并为一个黑洞，探测到的引力波信息尚不足以分析黑洞的时空结构。如今随着探测精度的不断提高，科学家又成功探测到中子星和黑洞相互

知识晶体

激光干涉测量仪

两束频率相同的光叠加会形成干涉，干涉后光的强度与两束光的相位有关。在激光干涉测量仪中，正常情况下，光在两个干涉臂中走过的路程是一样的，相位差为零，干涉后强度减弱。如果两束光受到外界影响，干涉臂的长度就会发生改变，两束光返回的时间会有微弱的差别，造成两束光之间产生相位差，改变干涉后光的强度。从强度的变化可反推出干涉臂长度的变化，进而得到引力波的幅度。在实际测量中，引力波产生的效应很微弱，科学家会采用法布里－珀罗腔和循环镜的方式，提高干涉臂的等效长度，从而得到更明显的相位差。

旋转产生的引力波。这个过程的时间可以长达数年，其引力波信息为分析黑洞的时空结构、验证黑洞无毛定理等提供了丰富的证据。

奇遇任务　迅速逃离黑洞

在痴迷于黑洞奇特的效应时，我们不知不觉越过了事件视界，需要想办法离开这里了。

线索十二　连接两个宇宙的白洞

对于史瓦西黑洞，事件视界之内是不可能逃离的。幸运的是，宇宙中大部分黑洞都类似旋转的克尔黑洞，在越过克尔黑洞的外事件视界后，依然存在逃离黑洞的可能。受限于彭罗斯的宇宙监督假设，事件视界之内发生的事情与外界没有因果关系，也无法被外界观测到，因此，本节内容仅限于广义相对论的理论预言。

广义相对论在预言黑洞时，也预言了白洞，白洞与黑洞正好相反。黑洞不断地向内吸纳物质，越过黑洞外视界的物质无法逃离黑洞。而白洞不断地向外吐出物质，越过白洞外视界的物质无法进入白洞。

克尔黑洞中黑洞与白洞的关系可以用克鲁斯卡尔图描述，克鲁斯卡尔图中不同颜色的格子分别代表内视界之内、内外视界之间、外视界之外的时空。每个黑洞都会与 3 个白洞相互重合，在重合的部分，物体有可能从黑洞穿越到白洞中。

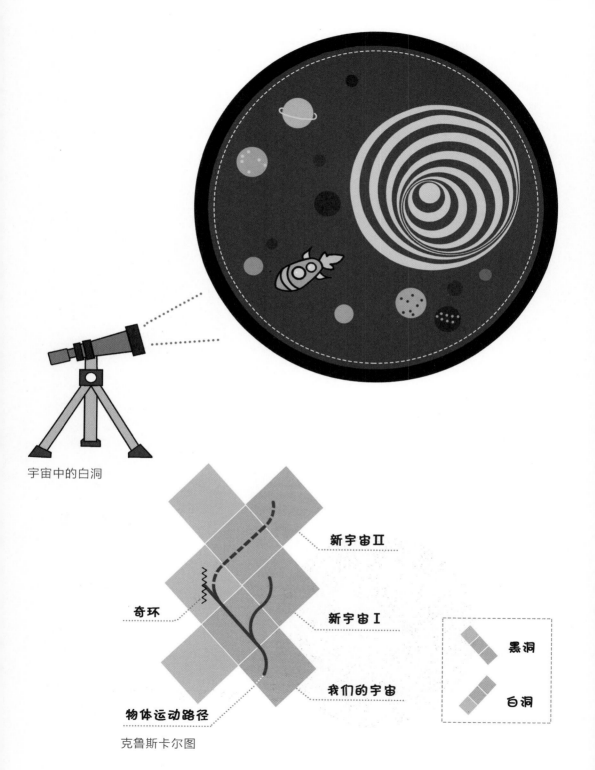

宇宙中的白洞

新宇宙Ⅱ

奇环

新宇宙Ⅰ

我们的宇宙

物体运动路径

黑洞

白洞

克鲁斯卡尔图

克鲁斯卡尔图

克鲁斯卡尔图基于史瓦西度规的时空图，可以代表整个时空的拓扑结构，克鲁斯卡尔图可以分为上、下、左、右4部分，上方代表黑洞，下方代表白洞，左方代表平行宇宙，右方代表我们的宇宙。克鲁斯卡尔图还可以推广至克尔黑洞，此时克鲁斯卡尔图上下连接形成克鲁斯卡尔链。

由于视界的限制，物体在克鲁斯卡尔图中只能从下方的格子进入上方的格子。在黑洞内外视界之间的物体会进入左上方的格子，也就是进入了黑洞的内视界之内。而穿越到白洞内外视界之间的物体会进入右上方的格子，也就是进入了白洞的外视界之外。进入黑洞内视界之内的物体也有可能穿越到白洞之中，并逃离黑洞。

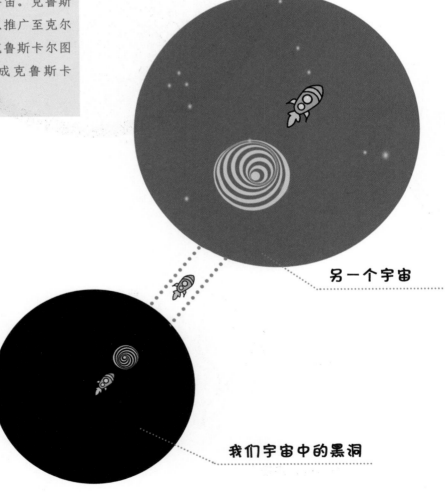

另一个宇宙

我们宇宙中的黑洞

穿越黑洞中的白洞

　　物体通过白洞逃离黑洞与无法逃离黑洞视界并不矛盾。物体穿过白洞的外视界之后，会来到一个新的宇宙之中，这个宇宙有着和我们所在的宇宙相同的物理规律，可能也和我们的宇宙非常类似，但已经和我们的宇宙没有任何联系了。因此，进入黑洞依然是一段有去无回的旅行。

　　虽然物体可以通过白洞逃离，但并不是在黑洞中随时随处都可以进入白洞，在黑洞内外视界之间、内视界之中的茫茫时空中各存在一个白洞。我们不知道这个白洞出现的位置和时间，因此我们在进入黑洞后几乎不可能遇见白洞。

线索十三　黑洞存在另一个宇宙

　　除了白洞，等待我们的也不一定是坠入黑洞的奇点。穿过克尔黑洞的内事件视界后，空间重新表现为空间属性；穿过内无限红移面后，时间也重新表现为时间属性。内无限红移面之内的时空虽然也被引力弯曲，但其表现和黑洞之外一致。

　　如果物体可以进入内无限红移面之内，那么它的运动只需克服引力的影响，而不会受到时空异常对运动的限制。即使物体的运动速度达不到光速，也不一定落入奇点。

　　内无限红移面之内并非一切如常，相对论中最为奇异的预言就发生在这里。根据克尔度规，奇点位于半径为零的球面的赤道处，形成一个奇环，而这个球面的其他位置却不是奇点。

　　虽然球面的半径为零，却具有更加细致的空间结构。事实上，这个半

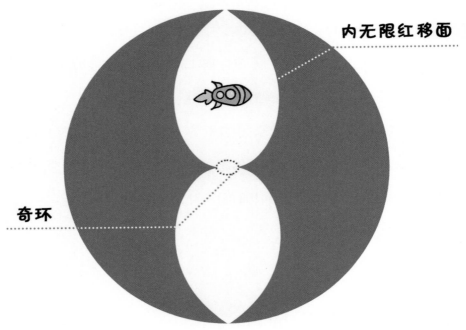

黑洞中的正常时空

径为零的球并不是一个点，在球的内部甚至可以存在负的半径。球内的空间被称为 Antiverse，对于球面而言，球心位于负的无限远处。这意味着Antiverse 与我们的宇宙一样，它的空间也是无限的。

　　物体可以从球面的非赤道处进入 Antiverse，物体越靠近球心，奇环对物体的影响越小。在远离奇环的空间里，物体虽然没有逃离黑洞，但逃离了黑洞的影响。在这里，物体的运动几乎完全自由。

成就　黑洞幸运儿

在旅行途中，虽然不幸落入了黑洞，但幸运地进入了 Antiverse。这是一片无法被外界宇宙观测到的世外桃源，也是一片尚未得到理论充分研究的神秘之地。这里是否有着和我们宇宙同样的物理规律呢？是否也存在星系和恒星呢？是否可以发现不断吐出物质的白洞呢？这些都等待着我们发现。

新的视界已经开启……

第五章

未来

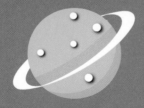

在研究恒星内部的核聚变时，我们知晓了恒星命运；在观测微弱的宇宙微波背景辐射时，我们见证了宇宙的诞生与成长；在探索茫茫宇宙深处时，我们体验了黑洞带来的惊险。宇宙带给我们的哲思，无外乎我是谁、我从哪里来、我要到哪里去。星辰大海，旅程漫漫，我们已经清晰地了解了过去和现在。那么，未来要到哪里去呢？

最终任务一　宇宙的未来

随着我们的知识越来越丰富，我们对宇宙的认识也逐渐清晰。宇宙中的天体不是永恒的，在基本力的作用下，它们都有着各自的命运。宇宙也并不是静态的，它诞生于一场大爆炸中，直到如今仍在加速膨胀。那么，宇宙的未来会走向何方呢？

线索一　无法实现的永动机

对宇宙未来的预测是非常困难的，任何一个微小的变化，或是新理论的出现，都有可能导致宇宙走向不同的结局。但在物理学发展的过程中，有一个分支可以帮助我们预测宇宙的未来，这个分支理论简洁、意义深刻、应用广泛，它就是热力学。

进入蒸汽时代后，各种机器开始应用于生活之中，人们提出了很多奇思妙想，希望可以不提供能源就让机器永远保持运行。在一些机器中，比较经典的是魔轮，它利用摆球下落的冲击力使轮子转动，轮子的转动又使新的摆球下落，从而使魔轮不停地转动。但机器被制造出来后都以失败告终。

这些构想被称为第一类永动机。虽然第一类永动机没有成功，但人们开始用科学的方式研究能量，并由此总结出能量守恒定律，能量守恒定律也被称为热力学第一定律：能量不能凭空产生，也不会消失，而是从一种形式转化为另一种形式。

后来，人们试图将无法利用的热能转化为电能、机械能，或者使环境温度降低并对局部加热。这一类的机器被称为热机，人们没有盲目地宣称

第一类永动机

自己创造了永动机，而是用科学的方法设计热机的能量循环，不断提升能量转化的效率。如果能量转化效率达到 100%，就可以实现第二类永动机。

在众多热机的能量循环中，能量转化效率比较高的是卡诺循环。卡诺循环通过等温压缩、绝热压缩、等温膨胀和绝热膨胀 4 个过程，使气体在两个温度不同的热源之间循环变化，达到对外输出能量的目的。这两个热源之间的温度差越大，热机的能量转化效率就越高。

虽然卡诺热机无法实现 100% 的能量转化，但通过这些实践，物理学家总结出了热力学第二定律：能量不能从热量完全变成有用功，而不产生其他影响。为了将热力学第二定律定量化，物理学家提出了熵的概念，并

知识晶体　熵与熵增定律

熵代表了一个系统的混乱程度，在热力学中，熵的变化可以简单地由温度和热量计算得出，而在微观的统计力学中，熵作为描述系统状态的函数，可以由微观态的数量推导得出。熵越大，意味着系统的混乱程度越大，对于一个孤立系统而言，其内部自发进行的过程都是向熵增加的方向进行的，如果系统处于平衡态，那么此时系统的熵是最大的。这就是与热力学第二定律等效的熵增定律。

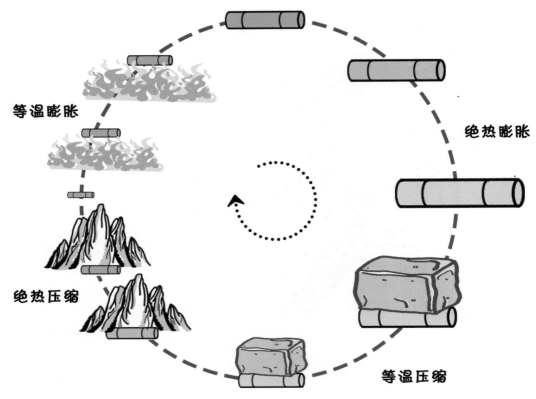

等温膨胀

绝热膨胀

绝热压缩

等温压缩

卡诺循环

将热力学第二定律改写为熵增定律。

　　同时，随着热力学的逐渐完善，物理学家从微观和宏观两个层面为其建立了严谨的数学体系，使热力学成为物理学中最不可能有错误的分支之一。利用热力学观点预测宇宙的未来也获得了物理学家的广泛认可。

　　我们的宇宙如同一台运行的机器，按照热力学的观点，宇宙不可能永远运行下去，在未来的某个时刻宇宙终将停止工作。在热力学第二定律下，所有的能量最终都会变为热量，同时宇宙中的熵不断增大，直至热量均匀散布在宇宙各处，最终，宇宙各处都变得冰冷。物理学家将这种未来称为热寂。

线索二　什么是完美结局

对于热寂的未来，从宇宙的历史中即可大致预见。现在宇宙中恒星的质量普遍比第一代恒星的质量小很多，而当现在这批恒星衰亡后，它们留下的星云会更少。这意味着每经历一代循环，新恒星的质量就会更小，直至无法形成恒星。

此时宇宙中只剩下行星和黑洞，由于缺少恒星强大的引力，行星运行的轨迹变得不稳定。在行星运动的过程中，引力可以使行星之间交换动能，质量较轻的行星会获得更快的速度，并飞出星系。而留在星系中的行星会被星系中心的黑洞吞噬，从而变成类星体，残存的黑洞最终会通过霍金辐射不断蒸发，直至消失。

宇宙中的元素会通过核反应衰变，甚至质子、中子等重子也有可能衰变，这个时期被称为退化时代。当所有的重子都衰变之后，宇宙只由暗物质和正电子、负电子主导，此时宇宙几乎完全处于真空状态，温度也接近热力学零度，这就是热寂的未来。

热寂只是宇宙众多可能的未来之一，宇宙最终的命运也并非完全取决于热力学。宇宙的形状、宇宙中暗能量的占比等都会影响宇宙未来的走向。

如果宇宙中暗能量的密度过大，或者还存在尚未发现的暗能量来源，宇宙就会处于不断加速膨胀的状态。宇宙膨胀的速度越快，可观测宇宙的范围就越小，这意

知识晶体

类星体

类星体是极度明亮的活动星系核，虽然其体积不及星系，但亮度极大，最强的类星体的亮度可以达到普通星系的几千倍。关于类星体的成因目前尚未形成定论，但主流观点偏向黑洞假说，这个假说认为类星体的中心是巨大的黑洞，黑洞不断吞噬周围物质并向外辐射能量，由此产生了极大的亮度。

味着相互作用力影响的范围会不断变小。

　　随着这个范围不断缩小，星系首先会分离，而后恒星和行星也会解体。当范围缩小到比重子的半径还小时，所有的原子、原子核、重子都会解体；当范围缩小到零时，时间和空间就失去了意义，宇宙的这种结局被称为大撕裂。

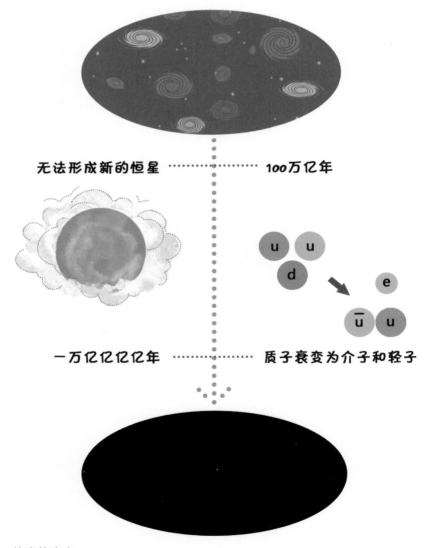

热寂的宇宙

如果宇宙中暗能量的密度过小，宇宙就会从膨胀状态转向收缩状态，这种收缩状态有可能会使宇宙重新回到一个点，并在新的大爆炸中开始一个新的宇宙。也有可能随着宇宙的收缩，暗能量的密度不断提高，并足以使宇宙重新开始膨胀。最终，宇宙会在膨胀和收缩这两种状态之间不断振荡，这是看上去比较温和的结局。

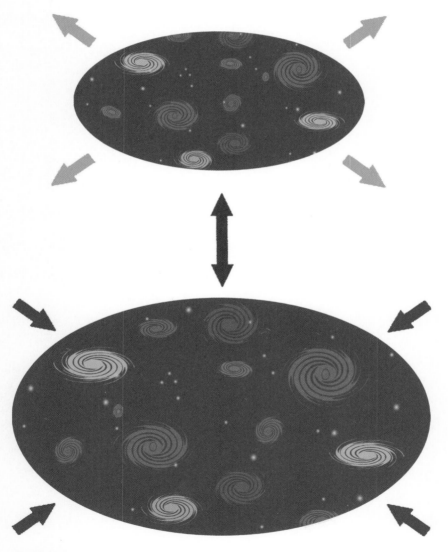

振荡的宇宙

最终任务二　物理学的未来

　　以我们目前掌握的知识来看，宇宙的未来是不确定的。为了更准确地判断宇宙的未来，也为了更准确地认识我们生活的宇宙，物理学仍需要不断发展。对于物理学家而言，宇宙的规律应是简单而统一的，但目前的物理学不仅分支众多，而且广义相对论和量子力学这两大支柱在某些问题上还存在矛盾。物理学的未来又会走向何方呢？

线索三　物理规律的巧合

　　牛顿成功使用万有引力定律解释行星运行规律后，物理学家又开始研究万有引力定律有何特殊之处。如果行星偏离轨道，万有引力是否仍然会使行星轨道保持稳定和闭合？

　　物理学家发现，并不是所有指向中心的力都会使行星稳定运行。只有在 3 种情况下行星才具有闭合轨道。第一种情况是行星严格按圆形轨道运行，但在实际情况中，包括地球在内的八大行星的轨道只是接近圆形，与太阳的距离并不是一直不变的。

　　第二种情况是有心力的大小与物体间的距离成正比，也就是距离越远指向中心的力越大。对于放在弹簧上做简谐振动的物体而言，它的运动就是一个稳定的周

简谐振动

　　当物体所受的力与位移成正比，并且力总是指向平衡位置时，物体所做的运动就是简谐振动。当物体同时参与两个相互垂直的同频率、同幅度且相位相差 1/4 个周期的简谐振动时，物体运动的轨迹是一个圆形。

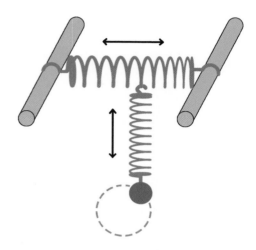

固定轨道上运动　　　　　**两个垂直简谐振动叠加**

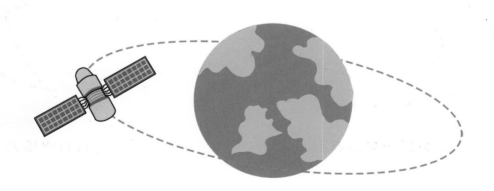

遵循万有引力的运动

3 种闭合轨道的运动

期性运动。将两个相互垂直的简谐振动叠加后，运动的轨迹也是一个闭合的圆形，但显然引力不可能是这种关系。

第三种情况是有心力的大小与物体间距离的平方成反比，或者简称为平方反比定律。在这种情况下行星可以稳定地按圆形、椭圆形或一些更复杂的形状稳定地运行，而牛顿发现的万有引力定律刚好属于平方反比定律。

平方反比定律是维持宇宙稳定的最重要的关系之一。除了万有引力，正电荷、负电荷之间的静电力也满足平方反比定律。如果万有引力不是平方反比的，行星就无法拥有闭合轨道；如果静电力不是平方反比的，电子就无法拥有闭合轨道，这也意味着如今宇宙中的原子不会稳定存在。

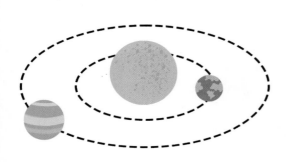 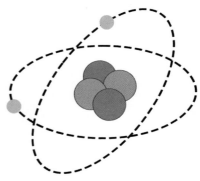

天体运行与万有引力　　　　**原子运行与电磁力**

平方反比保证运行稳定

那么，为什么是平方反比定律呢？随着理论研究的不断深入，物理学家发现基本力和基本粒子之间存在密切的关系。光子是传递电磁力的媒介，运动的光子虽然具有能量，但光子静质量为零，而这决定了电磁力是平方反比的关系。

如果光子具有微弱的静质量，那么电磁力将变得不稳定。这种不稳定不仅体现在电子轨道的不稳定上，还会破坏电荷守恒定律、光速不变定理等现代物理的基石。因此，光子静质量为零和平方反比定律对于宇宙而言是非常重要的。

除了平方反比定律，物理规律中蕴含的众多基本常数也同样重要。虽然这些常数看似随机，甚至很多还是无理数，但这些基本常数有些许的不同，可能宇宙也不会存在。这些常数也是物理巧合吗？

不仅理论和实验上的矛盾会推动物理学的发展，物理规律的巧合也会推动物理学的发展。在这些巧合背后，很有可能就是新物理孕育的地方。

线索四　在高维空间归一

物理学家总是追求宇宙的简洁与优美，牛顿的万有引力定律寥寥几个字母就描述了天地万物的复杂运动。但随着物理学家发现的规律越来越多，物理学的分支也愈发繁杂。此时的物理学如同一片风格各异的别墅区，虽然每个分支很优美，但从整体来看物理学并不简洁。

在宇宙大爆炸之初，物理学并没有这么多的分支，所有的规律都融合在一起。因此物理学家认为存在一个终极理论，这个理论如同一座大厦的地基，而物理学中的众多规律都是在这个地基上构筑的。

通过长时间的研究，天地万物的规律已经简化为 4 种基本相互作用，分别是用牛顿万有引力定律描述的引力相互作用、用麦克斯韦方程描述的电磁相互作用、存在于原子核中不知道用什么描述的弱相互作用、存在于强子之间同样不知道用什么描述的强相互作用。

在寻找这 4 种相互作用的地基前，首要任务是找到描述弱相互作用

杨－米尔斯理论

1954 年，为研究强相互作用，杨振宁和米尔斯拓展量子电动力学的规范理论，并提出了杨-米尔斯理论。最初，科学界并未重视这个理论，因为杨－米尔斯理论中粒子质量必须为零。直到 1964 年希格斯机制的出现为这些粒子赋予了质量，杨－米尔斯理论的重要性才凸显出来。后来，一些科学家相继以杨－米尔斯理论为基础建立了电弱理论、量子色动力学理论等。

和强相互作用的理论。此时，杨振宁和他的学生提出了一种有望解决这个问题的方法，这个方法被称为杨－米尔斯理论。而后物理学家借助这个方法成功地建立了描述弱相互作用的电弱理论及描述强相互作用的量子色动力学。

令人惊讶的是，杨－米尔斯理论提供的方法不止描述了这两种相互作用，还成功地将电磁相互作用、弱相互作用和强相互作用统一成一个整体，同时量子力学的理论也通过场论这种数学工具融入了这个整体中。

后来，物理学家将这些理论整合为标准模型，目前宇宙中所有的粒子和绝大部分的规律都可以在标准模型中找到。距离找到整个物理学大厦地基的理论仿佛只差临门一脚，只要将引力融入标准模型，我们就可以找到物理学的终极理论。

然而在常规的四维时空中，物理学家无法借助任何一种方法将引力和量子统一起来，或许我们生活的宇宙并不只有空间的 3 个维度和时间的 1 个维度，可能还存在其他更高的维度，只是我们无法探知。

基于这种想法，弦理论诞生了。弦理论的基本思想很简单，所有的粒子并不是一个球体，而是一根振动的弦。弦的不同振动模式产生了不同的粒子，而这要求宇宙有 10 个维度。

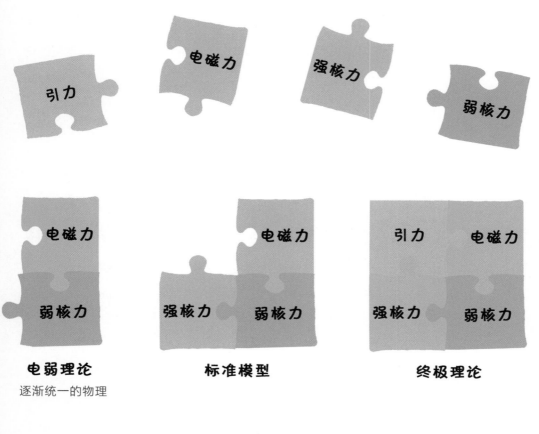

电弱理论

逐渐统一的物理

标准模型

终极理论

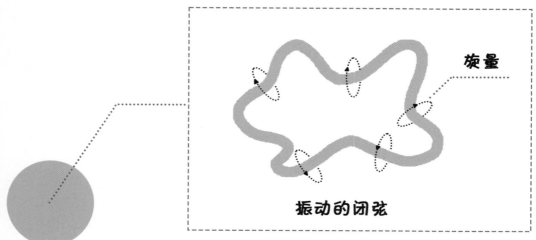

基本粒子

粒子本质是弦

目前，对于弦理论的研究依旧停留在理论层面，并且这个理论也处于争论之中。但对于物理学而言，弦理论无疑是通向终极理论最有希望的途径之一。

成就 返璞归真

曾经我们认为万有引力便是宇宙的一切，但电磁力、核力等为人类打开了新的大门。曾经我们认为标准模型完美无缺，但在更高能量下的实验说明宇宙中还存在太多的未知。宇宙的未来、科学的未来都充满太多的可能，而唯一不变的是人类对于科学永无止境的探索。

宇宙视界即将关闭，而下一部新的视界正待开启……